普通高等教育“十三五”规划教材

Visual Basic 6.0 程序设计实验教程

张彦玲　于志翔　汤　莉　主编

中国铁道出版社有限公司
CHINA RAILWAY PUBLISHING HOUSE CO., LTD.

内容简介

本书是《Visual Basic 6.0 程序设计实用教程》的配套实验教材，分上、下两篇。上篇“Visual Basic 6.0 程序设计实验指导”主要以 Visual Basic 6.0 为背景，针对 Visual Basic 编程环境、Visual Basic 程序设计语言基础、控制结构、过程、数组、用户界面设计和文件等内容安排了 10 章实验内容，每章设计了“知识要点”和“实验设计”两部分。“实验设计”部分包含有若干个具有代表性的实验，每个实验又包括“实验目的”和“实验详解”两个环节，在内容安排上突出理论与实际操作相结合的特点，以点带面、环环相扣，由浅入深、循序渐进，尽量做到全面、通俗、实用、生动、有趣。

下篇“Visual Basic 6.0 程序设计综合训练”针对全国大学生计算机二级考试常用的五种题型设计了相应的练习并提供了参考答案。此外，还精选了三套模拟试卷及参考答案。

本书浓缩并扩展了主教材中的精华部分，内容丰富、实用性强，结合大学生的特点，突出了计算机在教学过程中的实际应用，适合作为高等院校非计算机专业 Visual Basic 6.0 程序设计课程的实验教材，也可以作为全国大学生计算机二级考试的参考书目。

图书在版编目（CIP）数据

Visual Basic 6.0 程序设计实验教程 / 张彦玲，于志翔，汤莉主编. —北京：中国铁道出版社，2017.9（2019.7 重印）
普通高等教育“十三五”规划教材
ISBN 978-7-113-23596-3

Ⅰ.①V… Ⅱ.①张… ②于… ③汤… Ⅲ.①BASIC 语言-程序设计-高等学校-教材 Ⅳ.①TP312.8

中国版本图书馆 CIP 数据核字（2017）第 213491 号

书　　名：Visual Basic 6.0 程序设计实验教程
作　　者：张彦玲　于志翔　汤　莉　主编

策　　划：魏　娜　　　　读者热线：（010）63550836
责任编辑：陆慧萍　卢　笛
封面设计：白　雪
封面制作：刘　颖
责任校对：张玉华
责任印制：郭向伟

出版发行：中国铁道出版社有限公司（100054，北京市西城区右安门西街 8 号）
网　　址：http://www.tdpress.com/51eds/
印　　刷：三河市航远印刷有限公司
版　　次：2017 年 9 月第 1 版　2019 年 7 月第 3 次印刷
开　　本：787mm×1 092mm　1/16　印张：10　字数：232 千
书　　号：ISBN 978-7-113-23596-3
定　　价：28.00 元

PREFACE

前言

随着社会步入以计算机和多媒体网络技术为代表的信息化时代，全人类都在向信息化社会迈进，计算机作为信息社会中必备的工具已经成为一种普及的文化，与人们的日常工作和生活密不可分，计算机应用水平已成为衡量现代人才综合素质的重要指标之一，大学计算机基础教育在本科各专业培养中已成为不可或缺的重要组成部分。

按照教育部高等教育司组织制定的高等学校"大学计算机基础教学要求"的精神，我们对现有的教学模式进行了新一轮改革，建立一套根据学科差别，分三个层次、按模块划分教学内容、突出实验教学的新教学模式。

本书作为《Visual Basic 6.0 程序设计实用教程》（张彦玲、于志翔主编，中国铁道出版社出版）的配套实验教材，浓缩并扩展了主教材中的精华部分，内容丰富、实用性强，结合大学生的特点，突出了计算机在教学过程中的实际应用，为学生提供自主实验、个性化学习的实验平台，培养学生的动手能力，达到最佳学习效果。

全书分上、下两篇。上篇"Visual Basic 6.0 程序设计实验指导"共 10 章，主要以 Visual Basic 6.0 为背景，针对 Visual Basic 编程环境、Visual Basic 程序设计语言基础、控制结构、过程、数组、用户界面设计和文件等内容安排了相应的实验章节，每章设计了"知识要点"和"实验设计"两部分。"实验设计"部分包含有若干个具有代表性的实验，每个实验包括"实验目的"和"实验详解"两个环节。"知识要点"部分浓缩了背景知识，在内容安排上突出理论与实际操作相结合的特点，"实验设计"部分以点带面、环环相扣，由浅入深、循序渐进，每个实验还配有程序运行图示引导。下篇"Visual Basic 6.0 程序设计综合训练"共 5 章，针对全国大学生计算机二级考试常用的五种题型设计了相应的练习题和参考答案，同时精选了三套模拟试卷及参考答案，题型丰富、内容实用，力求通俗、生动、有趣、全面。

参加本书编写的均为天津财经大学一线教师。第 1、2、3、4、5、6、7、9、11、12、14、15 章由张彦玲编写；第 8、13 章由汤莉编写；第 10 章由于志翔编写；全书由张彦玲统稿。

本书在编写过程中得到了天津财经大学理工学院以及信息科学与技术系各位领导的大力支持；得到了华斌教授、刘军教授、何丽教授以及计算机公共基础教研室全体教师的鼎力帮助。此外，孙宪、王雪竹、曾华鹏参与了素材搜集、资料加工整理、图像截取以及书中部分程序的上机调试等工作，在此一并表示衷心的感谢！

由于编写时间仓促，作者水平所限，书中尚有不当和疏漏之处，敬请同行专家、广大读者批评指正。

编　者

2017 年 5 月

CONTENTS

目录

上篇 Visual Basic 6.0 程序设计实验指导

下篇 Visual Basic 6.0 程序设计综合训练

Visual Basic 6.0 程序设计实验指导

第 1 章 Visual Basic 编程环境

1.1 知 识 要 点

本章知识要点包括 Visual Basic 6.0 的开发环境，Visual Basic 面向对象的基本概念、程序设计的基本步骤和工程管理的方法，掌握简单窗体设计和基本控件的使用。

1.1.1 Visual Basic 的开发环境

Visual Basic 系统为用户开发应用程序提供了一个良好的集成开发环境，它集成了各种不同的功能，如用户界面设计、代码编辑、模块的编译、运行、调试等。该界面由多个窗口构成了 Visual Basic 的集成开发环境，这些窗口包括：标题栏、菜单栏、工具栏、窗体设计器、工程资源管理器、属性窗口、工具箱、代码窗口、立即窗口。

1.1.2 Visual Basic 面向对象设计方法

属性（Property）：属性是用来描述一个对象特性的参数，不同的对象有不同的属性。在 Visual Basic 中，设置属性的方法有两种：

① 选定控件后，在“属性”窗口中进行设置。

② 在代码中设置。

方法（Method）：方法是对象的行为，也就是对象的“动作”。通过调用方法，可以让对象完成某项任务。常用的方法有 Print()方法、Move()方法和 Cls()方法。

事件（Event）：Visual Basic 采用事件驱动的编程机制。程序员只需编写响应用户动作的程序，而不必考虑按精确次序执行的每个步骤。常用的事件有 Click 事件、DblClick 事件和 Load 事件。

1.1.3 工程的建立、打开与保存

（1）建立工程

启动 Visual Basic 的时候在“新建工程”对话框中选择工程类型并新建工程。Visual Basic 启动之后，选择“文件”菜单中的“新建工程”命令，也会弹出“新建工程”对话框。

（2）打开工程

可以通过“Windows 资源管理器”或“我的电脑”找到以前保存的 Visual Basic 工程文件（扩

展名为.vbp)，双击即可打开。也可以先启动 Visual Basic 程序，然后选择“文件”菜单中的“打开工程”命令，或者单击工具栏上的按钮。

(3) 保存工程

单击工具栏上的按钮或选择“文件”菜单中的“保存工程”命令即可。

1.1.4　窗体

Visual Basic 中基本对象包括窗体和控件。窗体是所有控件的容器，利用工具箱中的控件图标可以在窗体上设计界面。

(1) 常用属性

窗体的常用属性包括 Name、Appearance、Caption、Picture、BackColor、ForeColor、Font、MaxButton、MinButton、WindowState、ControlBox、Icon、Visible、Enabled、Height、Width、Left 和 Top 等属性。

(2) 常用事件

窗体的常用事件包括 Click 事件、DblClick 事件和 Load 等事件。

(3) 常用方法

窗体常用方法包括 Print()方法、Cls()方法和 Move()等方法。

1.1.5　常用控件

1. 标签

Label 控件即标签控件，主要用于在窗体上显示各种静态文字，如标题、说明等。

(1) 标签的常用属性

Alignment、BorderStyle、BackStyle、Caption、Enabled、ForeColor、BackColor、FontName、FontSize、Height、Width、Left、Top、Visible、AutoSize 属性。

Caption 属性：用于设置标签上要显示的文本内容。这是标签控件最常用的属性，即默认属性。

Alignment 属性：用于设置标签上显示文本的对齐方式，其值有 3 个：

取值为 0-Left Justify 表示文本左对齐，系统默认值为 0；

取值为 1-Right Justify 表示文本右对齐；

取值为 2-Center 表示文本居中。

Appearance 属性：用于设置程序运行时标签是否以 3D 效果显示，其值有两个：

取值为 0-Flat 表示平面效果；

取值为 1-3D 表示 3D 效果显示，系统默认值为 1。

BorderStyle 属性：用于设置标签是否带有边框。

取值为 0-None 时，表示没有边框；

取值为 1-Fixed Single 时，表示添加单线边框。此时，如果 Appearance 属性选择为 0-Flat (平面)，边框为单直线形状；如果 Appearance 属性选择为 1-3D (3 维)，边框则为凹陷形状。系统默认值为 1。

BackStyle 属性：用于设置标签的背景模式。当取值为 0-Transparent 时，表示透明显示，此时标签不覆盖所在容器的背景内容；若取值为 1-Opaque，则表示不透明显示，此时标签将覆盖原背景内容。默认值为 1。

Enabled 属性：用于设置标签是否响应用户的操作，其值为逻辑值。当取值为 True 时，响应用户操作；取值为 False 时，程序启动后标签中的文本变灰，并且不能响应用户操作。默认值为 True。

ForeColor 属性：用于设置标签上显示的文本的颜色。

BackColor 属性：用于设置标签的背景色。

FontName 属性：用于设置标签上显示文本的字体。

FontSize 属性：用于设置标签上显示文本的字号大小。

Height、Width 属性：用于指定标签的高度和宽度。该属性不仅可以在属性窗口设置，也可以在代码中设置。其单位为缇（Twip），1 缇=（1/1440）英寸。

Left、Top 属性：用于设置标签的左边和顶边相对于窗体的左边缘和顶端的距离。该属性不仅可以在属性窗口设置，也可以在代码中设置。属性值的默认单位为缇（Twip）。

Visible 属性：用于设置窗体运行时控件是否可见，其值为逻辑值。当属性值为 True 时，控件出现，当属性值为 False 时，将隐藏控件。

（2）标签的常用事件

Click、DblClick 事件。

（3）标签的常用方法

Move()方法。

2．文本框

TextBox 控件即文本框控件，主要用于向程序输入文本，如姓名、账号、密码等。

（1）文本框的常用属性

Text 属性：用于设置和返回文本框中显示的内容，这是文本框控件最常用的属性，即默认属性，编程时可以省略。

Locked 属性：用于指定文本框是否可以被编辑。当取值为 False 时，表示未加锁，可以编辑文本框中的文本；当取值为 True 时，表示已加锁，此时，可以滚动和选择控件中的文本，但不能进行编辑。默认值为 False。

MaxLength 属性：用来设置文本框中的最大字符数。当取值为 0 时，在文本框中输入的字符数不能超过 32K（多行文本）；当取值为非 0 值时，此非 0 值即为可输入的最大字符数。默认值为 0。

MultiLine 属性：用于设置文本框是单行显示还是多行显示文本。当取值为 False 时，表示不管文本框有多大的高度，只能在文本框中输入单行文字；当取值为 True 时，则可以输入多行文字。

PasswordChar 属性：用于设置文本框是否用于输入口令。当取值为空时，表示创建一个普通的文本框，将用户输入的内容按照原样显示到文本框中；若把该属性值取值为一个字符（例如“*”），则用户输入的文本用被设置的字符表示，但系统接收的仍为用户输入的文本内容。该属性的默认值为空。

ScrollBars 属性：用于设置文本框是否具有滚动条。

取值为 0 时，没有滚动条；

取值为 1 时，只有水平滚动条；

取值为 2 时，只有垂直滚动条；

取值为 3 时，既有水平滚动条又有垂直滚动条。

需要注意的是，只有当 MultiLine 属性设为 True 时，文本框才能有滚动条；否则，即使 ScrollBars 属性设置为非 0 值，也没有滚动条。

（2）文本框的常用事件

文本框除了支持 Click、DblClick 等鼠标事件外，还支持以下两个常用事件：

Change 事件：当用户向文本框中输入新的文本或者用户从程序中改变 Text 属性时触发该事件，同时激活这一事件的处理程序。例如，用户在文本框中每输入一个字符，就会触发一次 Change 事件。

KeyPress 事件：在按下并释放一个会产生 ASCII 码的键时触发该事件。KeyPress 事件可以识别键盘上包括【Enter】键、【Tab】键和【BackSpace】键在内的所有能用 ASCII 码表示的键（方向键等除外）。

（3）文本框的常用方法

当窗体上有多个控件时，可以使用 SetFocus()方法将焦点移至指定的控件。语法为：

```
<对象名> . SetFocus
```

3. 命令按钮

CommandButton 控件即命令按钮控件，主要用于接收用户的指令，如确定、取消、返回等。

（1）命令按钮的常用属性

Caption 属性：用于设定命令按钮的标题。在该属性中用户可以设定热键字母，设置方法是在这一字母前加上“&”符号，当程序运行时，只要按【Alt +相应字母】键即可激活它的 Click 事件。

Cancel 属性：用于设置按钮是否等同于按【Esc】键的功能，即当用户按【Esc】键时，是否激活它的 Click 事件。

当取值为 True 时，表示响应【Esc】键；

当取值为 False 时，则不响应【Esc】键。

Default 属性：用于设置按钮是否为默认按钮。即当程序运行时，用户按【Enter】键是否激活该按钮的 Click 事件。

如果取值为 True，表示该按钮为默认按钮；

如果取值为 False，则不是默认按钮。

Picture 属性：用于设定命令按钮上所显示的图形。可以在设计阶段单击属性窗口中的 ... 按钮，然后选择一个相应的图形文件；也可以在代码中设置该属性。需要注意的是，只有当命令按钮的 Style 属性设置为 1-Graphical 时，才能在命令按钮上显示图形。

Style 属性：用于设置命令按钮的外观类别。

当取值为 0 – Standard 时，是标准风格的命令按钮，它既不支持背景颜色（BackColor），也不支持图片属性（Picture）。

当取值为 1 - Graphical 时，表示“图形显示”风格，它既能设置 BackColor，也能设置 Picture 属性。

Value 属性：用于检查按钮是否被按下，只能在代码中设置或引用，在程序运行时只要将 Value 属性设置为 True，则触发命令按钮的 Click 事件。

（2）命令按钮的常用事件

Click 事件。

（3）命令按钮的常用方法

SetFocus()方法。

4．计时器

计时器控件（Timer）又称时钟，用于按一定的周期定时执行指定的操作。计时器控件可以利用系统内部的计时器计时，并按用户设定的时间间隔触发计时器事件（Timer），执行相应的程序代码。

（1）计时器的常用属性

Enabled 属性：用于设置或返回一个逻辑值。当取值为 True 时（此时 Interval 属性设置不能为 0），计时器控件响应 Timer 事件；而当取值为 False 时不能响应 Timer 事件。

Interval 属性：用于设定响应时钟 Timer 事件的间隔，如果用代码设置，其格式为：

```
[对象]. Interval=[milliseconds]
```

其中 milliseconds 为间隔时间，数值以千分之一秒为单位，如果将 Interval 属性设置为 1 000，则每隔 1s 触发一次 Timer 事件。

若希望每秒响应 n 次 Timer 事件，则应设置 Interval 属性值为 1000 / n 。

只有当时钟的 Enabled 属性值为 True 并且 Interval 属性值大于 0 时，才能触发 Timer 事件。

（2）计时器控件的常用事件

计时器控件能响应的只有 Timer 事件。每当达到 Interval 属性规定的时间间隔时，就会自动触发时钟的 Timer 事件，执行相应的事件过程。

1.2 实验设计

实验 1-1 在窗体 Form1 上有 1 个文本框 Text1，1 个命令按钮 Command1，控件属性设置如表 1-1 所示。编写程序，使得单击命令按钮时，将用户在文本框中输入的内容显示为窗体的标题。例如，文本框中输入“大学生运动会”，单击命令按钮后，运行界面如图 1-1 和图 1-2 所示。

表 1-1　控件属性列表

控件名（Name）	Caption	Text	Style
Form1	""		
Text1		""	
Command1	标题显示		1

说明：表中 Caption 属性设置为""，表示将属性窗口中 Caption 默认属性值清空。

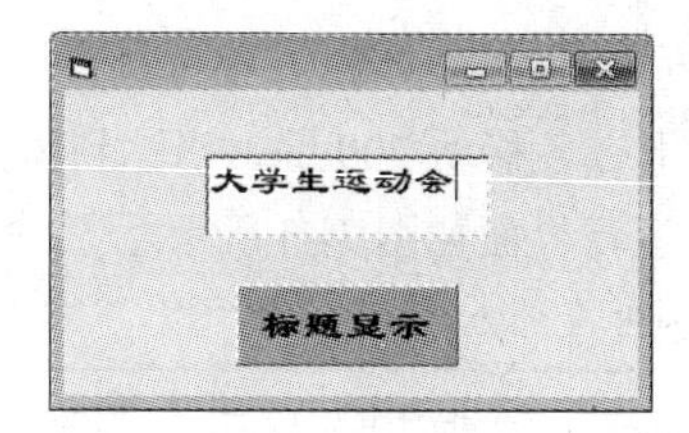

图 1-1 程序运行界面（1）

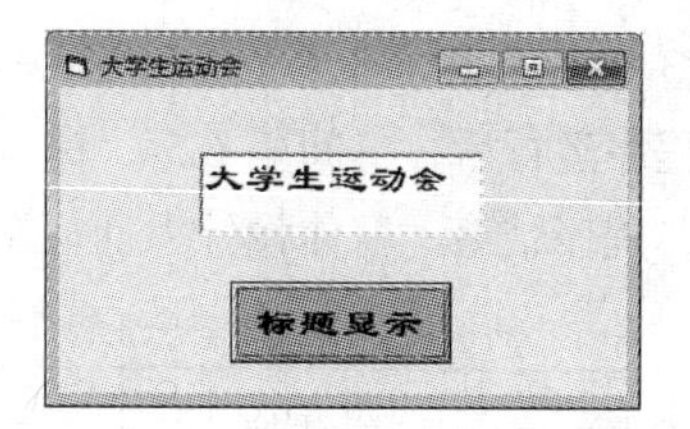

图 1-2 程序运行界面（2）

【实验目的】

掌握窗体、文本框和命令按钮属性设置及简单应用。

【实验详解】

```
Private Sub Command1_Click()
   Form1.Caption = Text1.Text
End Sub
```

实验 1-2 在窗体 Form1 上有 1 个文本框 Text1，1 个计时器 Timer1，1 个命令按钮 Command1，标题为“结束”，控件属性设置如表 1-2 所示。编写适当的事件过程，使得程序运行后，在文本框中显示系统的当前时间，每秒更新一次；当单击“结束”按钮时，则结束程序运行。程序运行界面如图 1-3 所示。

表 1-2 控件属性列表

控件名（Name）	Caption	Text	Enabled	Interval
Form1	计时器			
Text1		""		
Command1	结束			
Timer1			True	1000

说明：表中 Text 属性设置为""，表示将属性窗口中 Text 默认属性值清空。

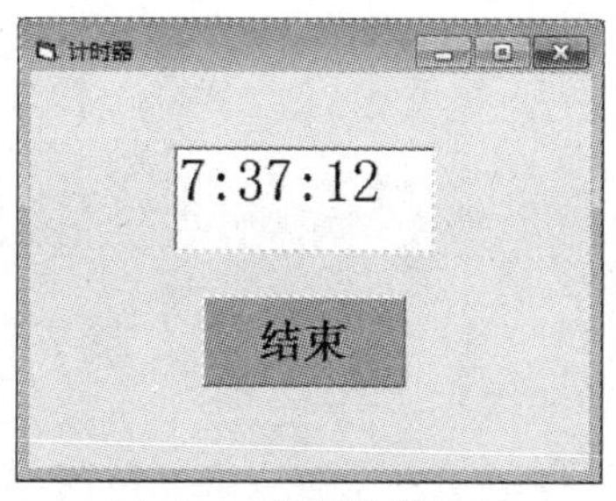

图 1-3 程序运行界面

【实验目的】

掌握窗体、文本框、命令按钮和计时器属性设置及简单应用。

【实验详解】

```
Private Sub Timer1_Timer()
   Text1.Text = Time
End Sub
Private Sub Command1_Click()
   End
End Sub
```

实验 1-3 在窗体上设有 1 个标签 LblMov 和 1 个计时器控件 TmrMov，控件属性设置如表 1-3 所示。要求程序运行后，每间隔 0.5s，标签自动向右、下方各移动 200 缇，当达到窗体的右边界或下边界时，程序结束。窗体设计界面如图 1-4 所示，运行界面如图 1-5 所示。

表 1-3 控件属性列表

控件名（Name）	Caption	Alignment	BorderStyle	Left	Top
LblMov	标签	2-Center	1-Fixed Single	100	100
TmrMov					

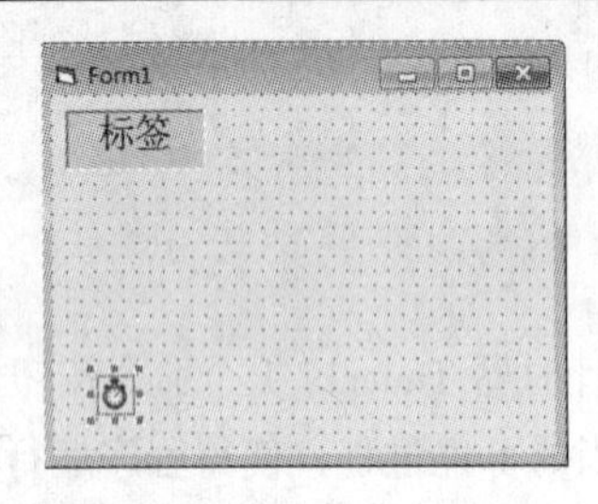

图 1-4　窗体运行界面

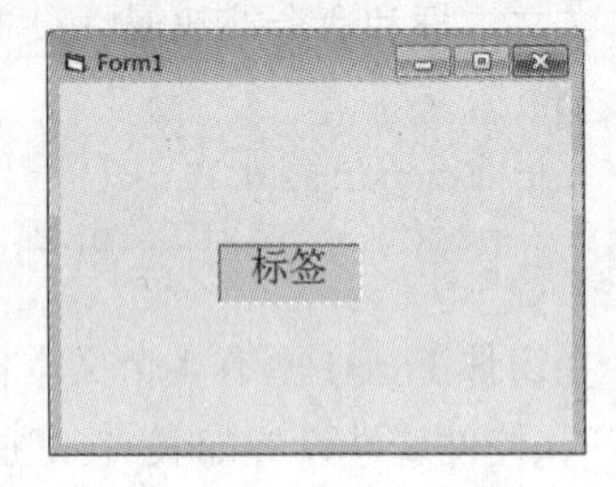

图 1-5　程序运行界面

【实验目的】

掌握窗体、标签和计时器属性设置及简单应用。

【实验详解】

```
Private Sub Form_Load()
    TmrMov.Enabled = True
    TmrMov.Interval = 500
End Sub
Private Sub TmrMov_Timer()
    LblMov.Move LblMov.Left + 200, LblMov.Top + 200
    If LblMov.Left > Form1.Width Or LblMov.Top > Form1.Height Then End
End Sub
```

第 2 章 Visual Basic 程序设计语言基础

2.1 知 识 要 点

2.1.1 数值型数据

Visual Basic 提供了四大类数值型数据，它们分别是整型数、浮点数、货币型数和字节型数。

1．整型数（Integer）

整型数是不带小数点和指数符号的数。一个整型数在内存中占 2 个字节。

2．长整型数（Long）

一个长整型数在内存中占 4 个字节。

3．单精度浮点数（Single）

带有小数点或写成指数形式的数即为浮点数（也称实型数）。它由符号、指数和尾数三部分组成，单精度浮点数的指数用“E”或“e”来表示。

一个单精度数在内存中占 4 个字节，其中符号占 1 位，指数占 8 位，其余 23 位表示尾数，有效数字精确到 7 位，用“E”或“e”来表示 10 的次方。

4．双精度浮点数（Double）

一个双精度数在内存中占 8 个字节，有效数字精确到 16 位，用“D”或“d”来表示指数。

5．货币型数（Currency）

货币型数据是专门用来表示货币数量的数据类型。该类型数据以 8 个字节存储，精确到小数点后 4 位。

6．字节型数（Byte）

字节型数据在内存中占 1 个字节，无符号，取值范围为 0～255。

2.1.2 字符型数据

字符型数据（String）由标准的 ASCII 字符和扩展 ASCII 字符组成，它是用双引号括起来的一串字符。Visual Basic 中字符串分两种：定长字符串和变长字符串。

若双引号中没有任何字符（""），称为空字符串，其长度为 0。

1．定长字符串

定长字符串是指在程序执行过程中长度始终保持不变的字符串，其最大长度不超过 65 535 个字符。在定义变量时，定长字符串的长度用类型名加上一个星号"*"和常数表示，格式为：

```
String*m
```

2．变长字符串

变长字符串是指长度不固定的字符串，随着对字符串变量赋予新的值，其长度可增可减。一个字符串如果没有定义为定长的，都属于变长字符串。

2.1.3 日期型数据

日期型数据表示由年、月、日组成的日期信息或由时、分、秒组成的时间信息。日期型数据占 8 个字节内存。

2.1.4 逻辑型数据

逻辑型数据也称为布尔型数据，在内存中占 2 个字节。

逻辑型数据取值只有两种：True（真）和 False（假）。

2.1.5 变体型数据

变体型数据是一种可变的数据类型，它可以表示多种类型的数据，包括数值、字符串、日期/时间等。

2.1.6 常量

所谓常量是指在程序中事先设置、运行过程中数值保持不变的数据。Visual Basic 中常量分直接常量和符号常量两种形式。

1．直接常量

直接常量包括字符串常量、数值常量（整数、长整数、定点数、浮点数、货币）、逻辑常量和日期常量。

2．符号常量

符号常量是指用事先定义的符号（即常量名）代表具体的常量，通常用来代替数值或字符串。符号常量又分两种：系统常量和用户自定义常量。

2.1.7 变量

变量是指在程序运行过程中，取值可以改变的数据。在 Visual Basic 中进行数据处理时，通常使用变量来存储临时数据。

Visual Basic 有两大类型变量：属性变量和内存（声明）变量。

1．变量的命名规则

变量的标识符称为变量名。变量的命名规则是：

① 变量名必须以字母或汉字开头，由字母、数字、汉字、下画线等字符组成，最后一个字符可以是类型说明符。

② 变量名中间不能有空格和小数点，变量名的长度不能超过 255 个字符。

③ 变量名不能用 Visual Basic 中的保留字，也不能用末尾带有类型说明符的保留字，但可以把保留字嵌入变量名中。如 Print 和 Print $ 是不合法的，而 Print_Num 则是合法的。

④ 变量名不区分大小写，即 ABC、AbC、aBC 都被看成是同一个变量名。

2. 定义变量

在 Visual Basic 中使用一个变量时，一般是先定义（声明）后使用。定义变量的目的就是为变量命名，同时由系统通过其类型为它分配存储单元。

定义语句的格式为：

```
Dim <变量名 1>[As<类型>]  [，<变量名 2>[As<类型>]
Dim <变量名 1>[<类型符>]  [，<变量名 2><类型符>]
```

说明：

① <类型>可以是 Integer、Long、Single、Double、String 等。

② <类型符>可以是%、!、#等符号。

③ 用 As String 可以定义定长或变长字符串，定义定长字符串长度的方法是在 String 后面加上“数值”，其中数值是字符串的长度值。

④ 一个 Dim 语句可以定义多个变量，但每个变量都要用 As 字句定义其类型，否则该变量被看作是变体（Variant）变量。

⑤ 用 Dim 语句定义变量后，系统随即对变量进行初始化。若变量为数值型、货币型，其值为零；若变量为逻辑型，其值为 False；若变量为变体型，其值为空，视为 False。

2.1.8 表达式和运算符

表达式是数据之间运算关系的表达形式，由常量、变量、函数等数据和运算符组成。参与运算的数据称为操作数，由操作数和运算符组成的表达式描述了要进行操作的具体内容和顺序。

Visual Basic 中的运算符可分成算术运算符、关系运算符、逻辑运算符和字符串运算符四大类。

1. 算术运算符

算术运算符是常用的运算符，它们可以对数值型数据进行常规运算，结果为数值。Visual Basic 中提供了 8 个算术运算符，表 2-1 按优先级从高到低的顺序列出了这些运算符。

表 2-1　常用算术运算符

优 先 级	运　　算	运 算 符	表达式例子
1	幂	^	M^N
2	取负	-	-N
3	乘法、浮点除法	*、/	M*N、M/N
4	整数除法	\	M\N
5	取模（余数）	Mod	M Mod N
6	加法、减法	+、-	M+N、M-N

2. 字符串运算符

字符串运算符有两个“&”和“+”，用来连接两个或更多个字符串。

3. 关系运算符

Visual Basic 提供了 8 个关系运算符，参见表 2-2。

表 2-2　常用关系运算符

运算符	含义	实例	结果
=	等于	3+8=15	False
>	大于	"bcde">"abde"	True
<	小于	"abde"<"ABCD"	False
>=	大于等于	"fg">="abc"	True
<=	小于等于	"2009"<="2008"	False
<>或><	不等于	"New"<>"new"	True
Like	字符串匹配	"New" Like "*ew"	True
Is	比较对象		

4. 逻辑运算符

逻辑运算又称布尔运算，其运算结果为逻辑型数据，即 True（真）或 False（假）。表 2-3 按运算优先级从高到低列出了逻辑运算符及其运算。

表 2-3　逻辑运算符

优先级	逻辑运算符	运算	实例	结果
1	Not	非	Not 3>9	True
2	And	与	1>4 And 3<9	False
3	Or	或	1>4 Or 3<9	True
4	Xor	异或	1<4 Xor 3<9	False
5	Eqv	等价	1>4 Eqv 3>9	True
6	Imp	蕴含	1>4 Imp 3<9	True

2.1.9　运算符的优先级

当一个表达式中出现多个运算符时，Visual Basic 系统按其运算优先级进行运算，优先级高的先算，优先级低的后算，运算符的优先级相同时，由左向右进行运算。各运算符的优先级为：

① 数值运算符；

② 字符串运算符；

③ 关系运算符；

④ 逻辑运算符。

如果表达式中有函数和括号，则先做函数和括号内的表达式。

2.1.10　常用函数

函数一般用来实现数据处理过程中的特定运算与操作，它是 Visual Basic 的一个重要组成部分。Visual Basic 的函数有两类：内部函数和用户自定义函数。

内部函数也称标准函数。调用格式为：

函数名 (<参数>)

1. 算术函数

表 2-4 给出了常用算术函数的格式及基本功能。

表 2-4 常用算术函数

函数格式	功能
Sin(X)	返回 X 的正弦值
Cos(X)	返回 X 的余弦值
Abs(X)	返回 X 的绝对值
Sgn(X)	返回 X 的符号。X <0 返回 -1，X =0 返回 0，X >0 返回 1
Sqr(X)	返回 X 的算术平方根(X >=0)
Exp(X)	返回 e 的 X 次方
Rnd(X)	产生[0,1]之间的随机数

2. 字符串函数

Visual Basic 提供了大量的字符串操作函数，表 2-5 列出了其中的常用函数，要验证这些函数的功能，可在事件过程中进行，也可以在立即窗口中完成。

表 2-5 常用字符串函数

函数格式	功能
Ltrim（字符串）	删除“字符串”左边的空白字符
Rtrim（字符串）	删除“字符串”右边的空白字符
Trim（字符串）	删除“字符串”左右两边的空白字符
Len（字符串|变量名）	返回字符串的长度
Left（字符串，n）	返回“字符串”的前 n 个字符
Mid（字符串，m，n）	从第 m 个字符开始，向后截取 n 个字符
Right（字符串，n）	返回“字符串”的最后 n 个字符
String（n, |ASCII 码）	返回由“字符串”中首字符或“ASCII 码”组成的 n 个相同的字符串
Ucase（字符串）	把“字符串”中的小写字母转换为大写字母
Lcase（字符串）	把“字符串”中的大写字母转换为小写字母
Space(n)	返回由 n 个空格组成的字符串
InStr([m,]c1,c2[,n])	在 c1 中从第 m 个字符开始找 c2，省略 m 时从头开始找，返回第一次找到 c2 的开始位置，找不到为 0

3. 数据类型转换函数

表 2-6 列出了常用的数据类型转换函数。

表 2-6 常用数据类型转换函数

函数格式	功能	实例	结果
Asc(String)	返回字符串中第一个字符的 ASCII 码	Asc("a")	97

续表

函数格式	功能	实例	结果
Chr(X)	将 ASCII 码转换成字符	Chr(65)	A
Int(X)	返回不大于自然数 X 的最大整数	Int(-34.5)	-35
Cint(X)	将 X 取整，小数部分舍入处理	Cint(-34.51)	-35
Fix(X)	将 X 取整	Fix(-34.5)	-34
Str(X)	将 X 的值换成字符串	Str("-23.5")	-23.5
Val(String)	将字符串换成数值	Val("45EF")	45

4. 日期和时间函数

表 2-7 列出了常用的日期和时间函数。

表 2-7　常用日期和时间函数

函数格式	功能
Date()	返回计算机系统当前日期（年-月-日）
Day(Now)	返回当前月中的日（1～31）
WeekDay(Now)	返回当前星期（1～7）
Month(Now)	返回当前月份（1～12）
Year(Now)	返回当前年份（YYYY）
Hour(Now)	返回当前小时
Minute(Now)	返回当前分
Second(Now)	返回当前秒
Now()	返回系统日期和时间
Time()	返回系统时间

5. 格式函数 Format()

格式函数 Format 可以将要输出数据以某种特定的格式输出，其返回值是字符串。Format()函数的格式为：

```
Format(表达式[，格式字符串])
```

功能：按格式字符串指定的格式将表达式以字符串形式返回。

2.1.11　单选按钮和复选框

单选按钮（OptionButton）通常用于建立一组选项供用户选择，但只能选择其中之一。

复选框（CheckBox）又称检查框，也是用于建立一组选项供用户选择，但它们相互独立。在一组复选框中，既可以单选，也可以多选。

1. 单选按钮的常用属性和事件

（1）单选按钮的常用属性

Caption 属性：用于设置出现在单选按钮旁边的标题文本。

Alignment 属性：用于设定单选按钮标题的排列方式。0-Left Justify（默认值）表示图标居左，标题在单选按钮的右侧显示；1-Right Justify 表示图标居右，标题在单选按钮的左侧显示。

Value 属性：这是单选按钮最重要的属性（默认属性），其值为逻辑值，用来表示单选按钮是否被选中。取值为 True 时，表示被选中；取值为 False 时，表示未被选中。

Enabled 属性：该属性用来表示单选按钮是否禁用。若取值为 True，表示可以响应事件；若取值为 False，则此控件变为灰色，表示禁用。

（2）单选按钮的常用事件

单选按钮的主要事件是 Click 事件，此外还可以触发 DblClick、KeyPress、MouseDown、MouseMove 等事件。

2. 复选框的常用属性和事件

（1）复选框的常用属性

Caption 属性：用于设置出现在复选框旁边的标题文本。

Alignment 属性：用于设定复选框标题的排列方式。0-Left Justify（默认值）表示图标居左，标题在复选框的右侧显示；1-Right Justify 表示图标居右，标题在复选框的左侧显示。

Value 属性：这是复选框最重要的属性（默认属性），其值为数值型。取值可以有 3 个：

0-UnChecked（默认值）表示未选定；

1- Checked 表示选定；

2-Grayed 表示复选框禁用，此时复选框为灰色。

（2）复选框的常用事件

复选框的主要事件是 Click 事件，此外还可以触发 DblClick、KeyPress、MouseDown、MouseMove 等事件。

2.1.12 框架

框架（Frame）是一种容器控件，主要作用是将窗体上的控件按其功能进行分组，以便划分出不同的操作区域。

框架的常用属性和事件

（1）框架的常用属性

Caption 属性：用于设置框架的标题文本。可以在框架的标题中设热键，其设置和使用方法与命令按钮相同。

Enabled 属性：用于设定框架及框架内的控件是否可用。与其他控件的 Enabled 属性有所不同的是：如果框架的 Enabled 属性取值为 False，窗体启动后，框架及其标题变灰，框架内的所有控件都不能进行操作。

Visible 属性：用于设定框架及框架内的控件是否可见。当框架的 Visible 属性取值为 False 时，窗体启动后，框架及框架内的所有控件都被隐藏。

（2）框架的常用事件

框架可以响应 Click、DblClick 等事件，但一般情况下很少使用，其主要作用就是对窗体上的控件进行分组。

2.2 实验设计

实验 2-1 窗体上设有 2 个标签、2 个文本框和 1 个命令按钮，各控件属性设置如表 2-8 所示。要求编写程序，使得在文本框 Text1 中输入任意 1 个四位正整数，单击命令按钮，则将其中的个位与千位对换、十位与百位对换并将结果显示在文本框 Text2 中。运行界面如图 2-1 所示。

表 2-8　控件属性列表

控件名（Name）	Caption	Locked
Label1	输入四位正整数	
Label2	对换结果	
Command1	开始	
Text1	""	
Text2	""	True

【实验目的】

掌握文本框的 Locked 属性及 Mid 函数的使用方法。

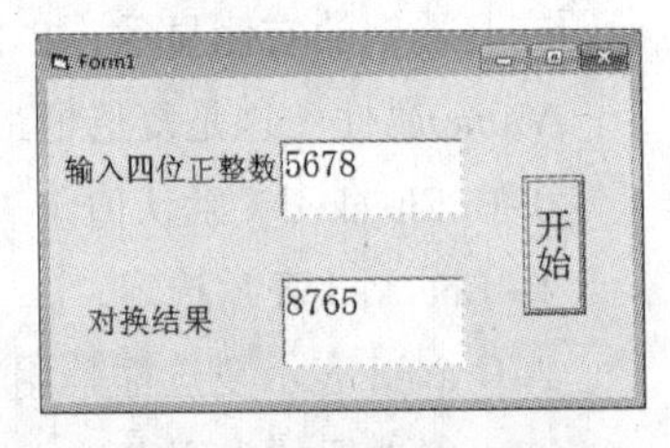

图 2-1　程序运行界面

【实验详解】

```
Option Explicit
Private Sub Command1_Click()
    Dim x
    x = Text1.Text
    Text2 = Mid(x, 4) & Mid(x, 3, 1) & Mid(x, 2, 1)
&D Mid(x, 1, 1)
End Sub
```

实验 2-2 窗体上设有 4 个命令按钮和 1 个标签，程序运行后，单击“启动”按钮，标签上的文字每隔 1s 向左循环移动一次；单击“加速”按钮，标签上的文字每隔 0.5s 向左循环移动一次；单击“停止”按钮，标签上的文字停止移动；单击“结束”按钮，程序结束。运行界面如图 2-2 所示。

【实验目的】

掌握 Left 等函数以及计时器的综合使用方法。

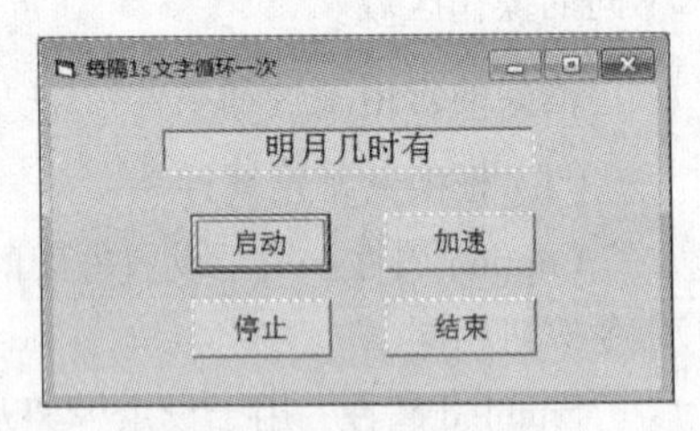

图 2-2　程序运行界面

【实验详解】

```
Option Explicit
Private Sub Command1_Click()
    Timer1.Interval = 1000
    Form1.Caption = "每隔 1s 文字循环一次"
End Sub
Private Sub Command2_Click()
    Timer1.Interval = 1000 \ 2
    Form1.Caption = "每隔 0.5s 文字循环一次"
End Sub
Private Sub Command3_Click()
    Timer1.Interval = 0
End Sub
Private Sub Command4_Click()
```

```
    End
End Sub
Private Sub Timer1_Timer()
    'Dim a As String
    Label1.Caption = Mid(Label1.Caption, 2) & Left(Label1.Caption, 1)
End Sub
```

实验 2-3 窗体上有 1 个文本框 Text1，2 个复选框 Check1 和 Check2，各控件属性设置如表 2-9 所示。要求编写程序，选中 Check1 则将 Text1 中的文字加粗，否则常规体；选中 Check2 则将 Text2 中的文字变为斜体，否则常规体。运行界面如图 2-3 和图 2-4 所示。

表 2-9　控件属性列表

控件名（Name）	标题（Caption）	Value	Text
Text1			早上好！
Check1	加粗	0	
Check2	斜体	0	

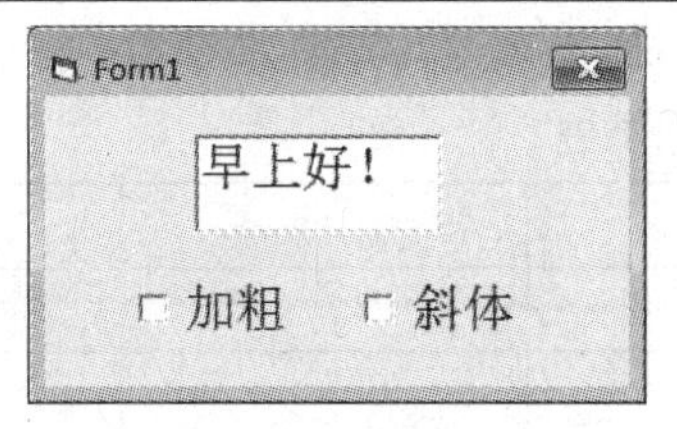

图 2-3　窗体运行界面（1）

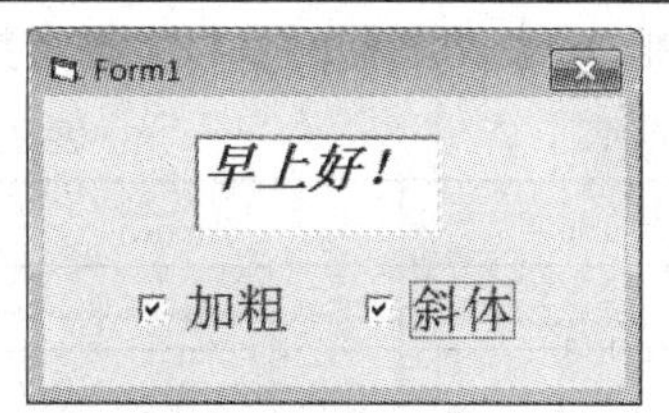

图 2-4　窗体运行界面（2）

【实验目的】

掌握复选框的使用方法。

【实验详解】

```
Option Explicit
Private Sub Check1_Click()
    Text1.FontBold = Check1.Value
End Sub
Private Sub Check2_Click()
    Text1.FontItalic = Check2.Value
End Sub
```

实验 2-4 在窗体上有 1 个标签 Label1，程序运行后，标签的背景色为蓝色，前景色为红色，以后每隔 1s 自动将标签的背景色和前景色互换。运行界面如图 2-5 和图 2-6 所示。

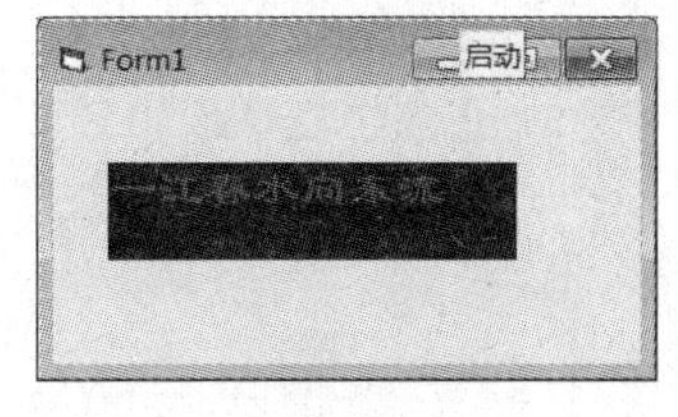

图 2-5　窗体运行界面（1）

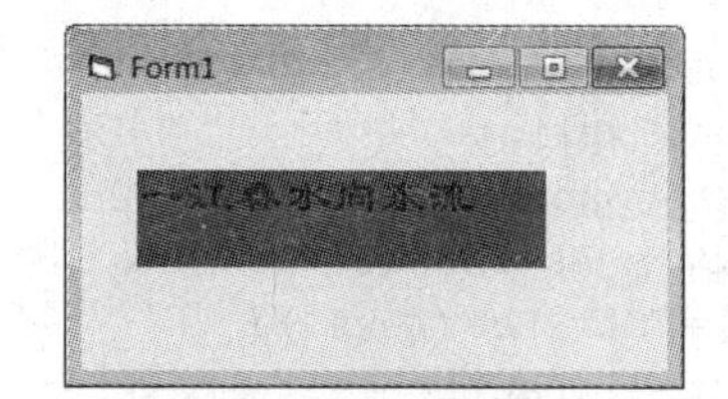

图 2-6　窗体运行界面（2）

【实验目的】

掌握系统常量的使用方法。

【实验详解】

```
Option Explicit
Private Sub Form_Load()
    Label1.BackColor = vbBlue
    Label1.ForeColor = vbRed
    Timer1.Enabled = True
    Timer1.Interval = 1000
End Sub
Private Sub Timer1_Timer()
    Dim a
    a = Label1.BackColor
    Label1.BackColor = Label1.ForeColor
    Label1.ForeColor = a
End Sub
```

实验 2-5 窗体上设有 3 个标签和 2 个文本框，各控件属性设置如表 2-10 所示。程序运行后，在文本框 Text1 中输入任意字符，随即将其中的小写字母转换成大写字母（其余字符不转换）并显示在文本框 Text2 中，同时，将字符个数显示在 Label1 上。运行界面如图 2-7 所示。

表 2-10　控件属性列表

控件名（Name）	Caption	MultiLine	ScrollBars	Locked
Label1	""			
Label2	输入字符串			
Label3	转　　换			
Text1	""	True	1	
Text2	""	True	1	True

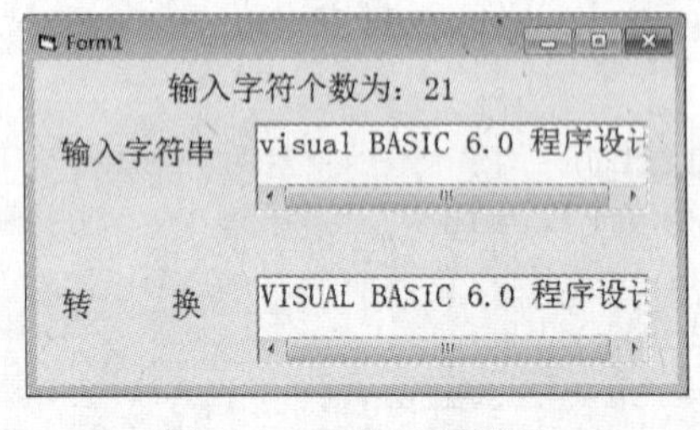

图 2-7　窗体运行界面

【实验目的】

掌握文本框的 MultiLine 属性、ScrollBars 属性、Locked 属性及字符函数的使用方法。

【实验详解】

```
Option Explicit
Private Sub Text1_Change()
    Dim s As Integer
    s = Str(Len(Text1))
    Label1.Caption = "输入字符个数为: " & s
    Text2 = UCase(Text1)
End Sub
```

第 3 章 顺序结构

3.1 知识要点

Visual Basic 应用程序主要是由过程组成的，编写程序时通常使用结构化程序设计的方法。结构化程序设计包括顺序结构、选择结构和循环结构三种基本结构。

顺序结构是按程序中语句出现的先后顺序执行的结构。

3.1.1 赋值语句

赋值语句是 Visual Basic 中使用最频繁的语句之一，常用于为内存变量或对象的属性赋值。其格式为：

```
<变量名>=<表达式>
<对象属性>=<表达式>
```

功能：将表达式的结果赋给变量或某个对象的属性。

3.1.2 使用 Print()方法输出数据

Print()方法的格式为：

```
[<对象名称>. ] Print<表达式表>[, | ;]
```

功能：在窗体、图片框、立即窗口或打印机等对象中输出信息。

3.1.3 输入函数 InputBox()

为了输入数据，增加人机交互界面，Visual Basic 提供了 InputBox()函数。当调用 InputBox()函数时，系统会弹出一个对话框，等待用户输入数据。其格式为：

```
InputBox (Prompt[, Title][, Default][, Xpos, Ypos])
```

功能：弹出一个对话框，等待用户输入数据，当用户按【Enter】键或单击“确定”按钮时，函数将输入的内容以字符串返回。

3.1.4 输出函数 MsgBox()与 MsgBox 语句

1. MsgBox()函数

与 Windows 风格相似，Visual Basic 提供了一个可以显示提示信息对话框的 MsgBox()函数。此函数可以用对话框的形式向用户输出信息，并根据用户的选择做出响应。其格式为：

```
MsgBox (Prompt[, Buttons][, Title][, HelpFile, Context])
```

功能：根据参数建立一个对话框，显示提示信息，同时将用户在对话框中的选择结果传输给程序。

2. MsgBox 语句

MsgBox 语句与 MsgBox()函数的作用相似，各参数的含义亦与 MsgBox()函数相同。其格式为：

```
MsgBox<Prompt>[, Buttons][, Title][, HelpFile, Context]
```

功能：建立一个对话框，显示提示信息，同时接收用户在对话框中的选择。

与 MsgBox()函数不同的是，MsgBox 语句没有返回值。

3.1.5 编程规则

1. 注释语句

注释语句是非执行语句，通常用来给程序或语句作注释，其目的是为了提高程序的可读性。格式为：

```
Rem  <注释内容>
 '  <注释内容>
```

其中“注释内容”可以是任何注释文本。Rem 关键字与注释内容之间要加一个空格。注释语句可单独占一行，也可以放在其他语句的后面。

如果在其他语句行后使用 Rem 关键字，则必须使用冒号（：）与语句隔开；若用单引号替代 Rem 关键字，则不必使用冒号。

2. 续行符

在程序中如果一条语句过长，Visual Basic 允许使用续行符“_”（一个空格加一个下画线）将一条长语句写成多行。

3. 一行写多条语句

如果希望将多条较短的语句写在同一行，语句间用冒号“：”分隔即可。

4. 结束语句 End

End 语句通常用来结束一个程序的执行。其格式为：

```
End
```

End 语句提供了一种强迫中止程序的方法。End 语句可放在程序中的任何位置，执行到此处的 End 语句将中断代码的执行。

3.2 实 验 设 计

实验 3-1 窗体上设有 1 个命令按钮，要求编写程序，使得每单击 1 次命令按钮，随机产生一个“A”～“M”范围内的大写字母，并将结果显示在窗体上。例如，单击 7 次命令按钮，运行界面如图 3-1 所示。

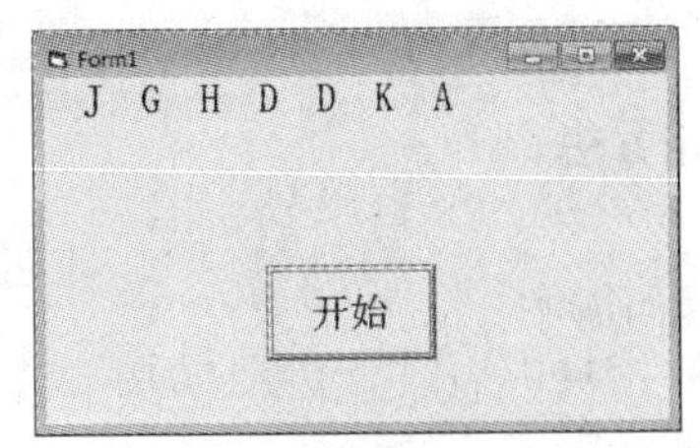

图 3-1　程序运行界面

【实验目的】

掌握文本框的 Print()方法及 Rnd()等函数的使用方法。

【实验详解】

```
Option Explicit
Private Sub Command1_Click()
    Dim a
    a = Chr(Asc("A") + Int(Rnd * (Asc("M") - Asc("A") + 1)))
    Print "  " + a;
End Sub
```

实验 3-2 窗体上设有 2 个命令按钮，要求程序运行后，利用输入函数输入 3 个数据，并将 3 个数据的和及平均值用信息框显示出来。程序运行界面如图 3-2 所示。

表 3-1　控件属性列表

控件名（Name）	Caption
Command1	输入数据
Command2	结束
Form1	InputBox()函数

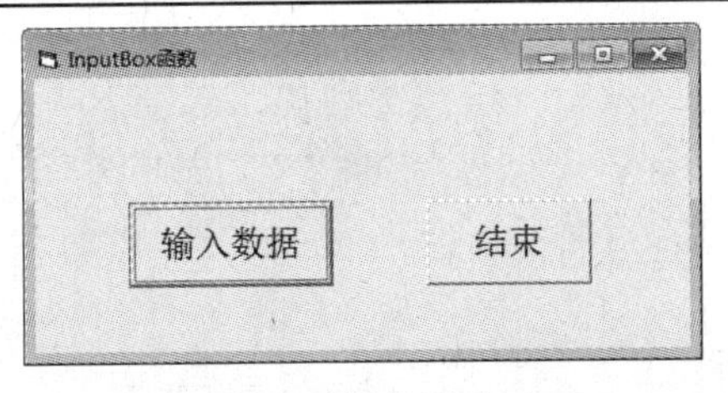

（a）运行界面（1）

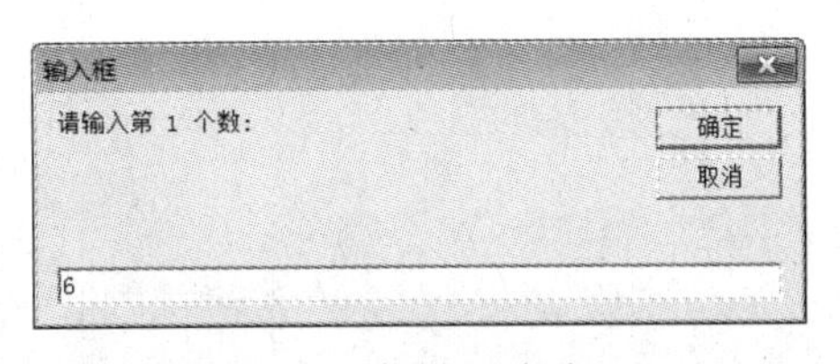

（b）运行界面（2）

（c）运行界面（3）

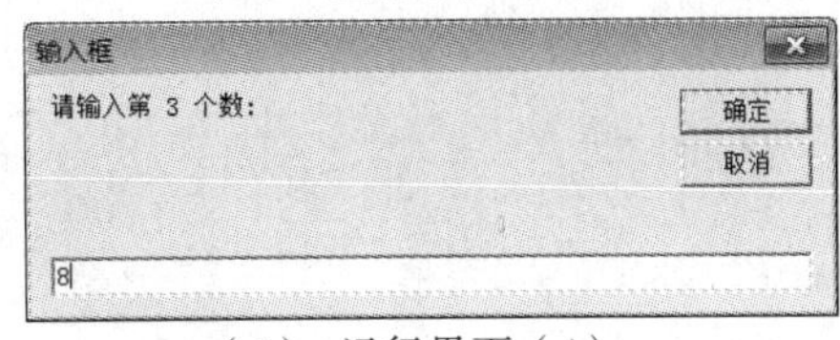

（d）运行界面（4）

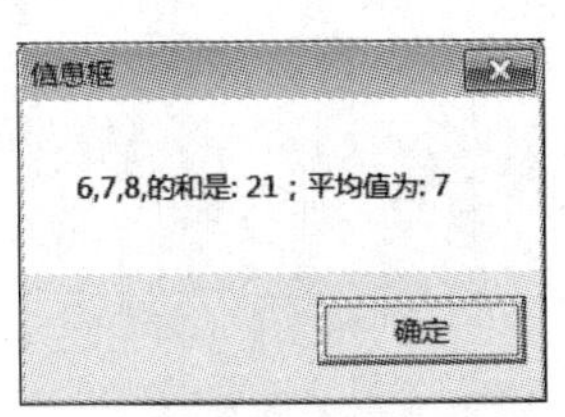

（e）运行界面（5）

图 3-2　程序运行界面

【实验目的】

掌握输入函数和信息框的使用方法。

【实验详解】

```
Private Sub Command1_Click()
    Dim a As Single, b As Single, c As Single
    Dim p As String, h As Long
    a = Val(InputBox("请输入第 1 个数:", "输入框", 0))
    b = Val(InputBox("请输入第 2 个数:", "输入框", 0))
    c = Val(InputBox("请输入第 3 个数:", "输入框", 0))
    p = "  " & a & "," & b & "," & c
    h = a + b + c
    p = p & ",的和是:" & Str(h) & "; 平均值为:" & Str(h / 3)
    MsgBox p, , "信息框"
End Sub
Private Sub Command2_Click()
    End
End Sub
```

第 4 章 选择结构

4.1 知识要点

Visual Basic 中选择结构包含 If 语句和 Select Case 语句两种语句。

4.1.1 If 语句

If 语句又称条件语句，包括单分支结构、双分支结构和多分支结构等 3 种结构，用户可根据需要进行选择使用。

1. 单分支 If 语句

单分支结构 If 语句格式为：

```
If  <表达式> Then
  <语句序列>
End If
```

功能：如果表达式的值为 True（真），执行语句序列，否则执行 End If 后面的语句。

2. 双分支 If 语句

双分支结构 If 语句格式为：

```
If <表达式> Then
  <语句序列 1>
Else
  <语句序列 2>
End If
```

功能：如果表达式的值为 True（真），执行语句序列 1，否则执行语句序列 2。

3. 多分支 If 语句

多行结构条件语句用于比较复杂的计算或数据处理过程。多行结构条件语句实际上是单行结构条件语句的嵌套形式。多行结构条件语句由于有起始语句和终端语句，程序的结构性强，所以也称为块结构条件语句。其格式为：

```
If<表达式 1> Then
      <语句序列 1>
 [ElseIf<表达式 2> Then
```

```
      <语句序列 2>]
   [ElseIf<表达式n> Then
      <语句序列n >]
    …
   [Else
    <语句序列n+1>]
   End If
```

功能：从 If 语句开始，依次测试给出的条件，如果表达式 1 的值为 True，就执行相应的语句序列 1，否则如果表达式 2 的值为 True，就执行相应的语句序列 2，否则执行语句序列 n+1。

4. IIf()函数

IIf()函数可用来执行简单的条件判断操作，它和“If…Then…Else”语句有类似的功能。格式为：

```
IIf (<条件> , <True部分> , <False部分>)
```

其中“条件”是一个逻辑表达式。当“条件”为真时，IIf 函数返回“True 部分”，若“条件”为假，则返回“False 部分”。这里“True 部分”和“False 部分”可以是表达式、变量或其他函数。

4.1.2 Select Case 语句

在某些情况下，对某个条件判断后可能出现多种取值的情况，这时，就需要使用 Select Case 语句来完成。

在 Select Case 语句结构中，只有一个用于判断的表达式，根据表达式的不同计算结果，执行不同的语句序列。

Select Case 语句的格式为：

```
Select Case 〈测试表达式〉
    Case〈表达式结果表1〉
        〈语句序列1〉
    Case〈表达式结果表2〉
        〈语句序列2〉
          …
    Case〈表达式结果表n〉
        〈语句序列n〉
     [Case Else
          〈语句序列n+1〉]
    End Select
```

功能：根据“测试表达式”的值，在一组相互独立的可选语句序列中挑选要执行的语句序列。

4.2 实验设计

实验 4-1 窗体上设有 1 个图像框 Image1，要求程序运行后，每单击图像框 1 次，图像就向右下方移动一次，直到到达窗体的右边界。程序运行界面如图 4-1 所示。

（a） 运行界面（1）

（b） 运行界面（2）

（c） 运行界面（3）

图 4-1　程序运行界面

【实验目的】

掌握利用 Left 和 Top 属性改变控件在窗体上的位置的方法以及 If 语句的使用。

【实验详解】

窗体 Click()事件过程：

```
Private Sub Form_Click()
   Move 4000, 2000
End Sub
```

图像框 Click()事件过程：

```
Private Sub Image1_Click()
   If Image1.Left < Form1.Width - Image1.Width Then
      Image1.Move Image1.Left + 200, Image1.Top + 100
   End If
End Sub
```

实验 4-2 窗体上设有 1 个图像框 Image1、1 个计时器和 2 个命令按钮，要求程序运行后单击“开始”按钮，每隔 0.2s，图像就自动向右方移动一次，直到到达窗体的右边界。程序设计及运行界面如图 4-2 所示。

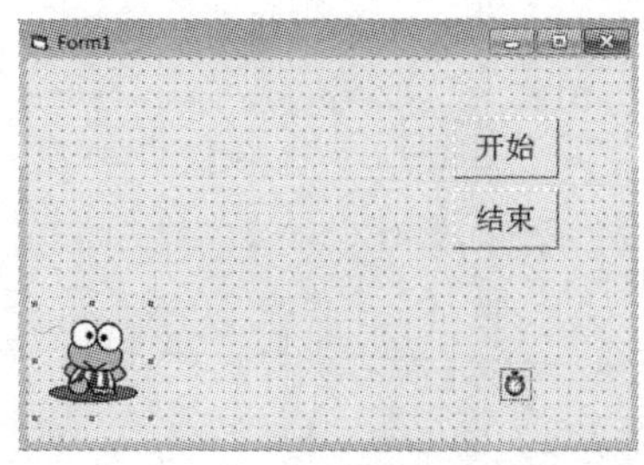

（a） 设计界面

（b） 运行界面（1）

图 4-2　程序设计及运行界面

（c） 运行界面（2）

（d） 运行界面（3）

图 4-2 程序设计及运行界面（续）

【实验目的】

掌握利用计时器和Move()方法改变控件在窗体上的位置。

【实验详解】

窗体 Click()事件过程：

```
Private Sub Form_Click()
   Move 4000, 2000
End Sub
```

“开始”按钮 Click()事件过程：

```
Private Sub Command1_Click()
   Image1.Left = 0
   Timer1.Interval = 200
End Sub
```

“结束”按钮 Click()事件过程：

```
Private Sub Command2_Click()
   End
End Sub
```

计时器 Timer()事件过程：

```
Private Sub Timer1_Timer()
   If Image1.Left < Form1.Width - Image1.Width Then
      Image1.Move Image1.Left + 200
   End If
End Sub
```

也可以不使用 Move 方法，直接利用 Left 属性来完成：

“开始”按钮 Click()事件过程：

```
Private Sub Command1_Click()
   Image1.Left = 0
   Timer1.Interval = 200
End Sub
```

“结束”按钮 Click()事件过程：

```
Private Sub Command2_Click()
   End
End Sub
```

计时器 Timer()事件过程：

```
Private Sub Timer1_Timer()
   If Image1.Left < Form1.Width - Image1.Width Then
```

```
        Image1.Left = Image1.Left + 100
    End If
End Sub
```

实验 4-3 窗体上设有 1 个图像框 Image1 和 1 个计时器，要求程序运行后单击“开始”按钮，每隔 0.2s，图像就自动向右下方移动一次，直到到达窗体的右边界。程序设计及运行界面如图 4-3 所示。

（a） 设计界面

（b） 运行界面（1）

（c） 运行界面（2）

（d） 运行界面（3）

图 4-3　程序运行及设计界面

【实验目的】

掌握利用计时器和 Left、Top 属性改变控件在窗体上的位置。

【实验详解】

“开始”按钮 Click()事件过程：

```
Private Sub Command1_Click()
    Image1.Left = 0
    Image1.Top = 0
    Timer1.Interval = 200
End Sub
```

“结束”按钮 Click()事件过程：

```
Private Sub Command2_Click()
    End
End Sub
```

计时器 Timer()事件过程：

```
Private Sub Timer1_Timer()
    If Image1.Left < Form1.Width - Image1.Width Then
        Image1.Left = Image1.Left + 200
        Image1.Top = Image1.Top + 100
    End If
End Sub
```

如果改用 Move()方法来实现，则代码为：

“开始”按钮 Click()事件过程：

```
Private Sub Command1_Click()
    Image1.Left = 0
    Timer1.Interval = 200
End Sub
```

“结束”按钮 Click()事件过程：

```
Private Sub Command2_Click()
    End
End Sub
```

计时器 Timer()事件过程：

```
Private Sub Timer1_Timer()
    If Image1.Left < Form1.Width - Image1.Width Then
        Image1.Move Image1.Top + 400, Image1.Left + 200
    End If
End Sub
```

实验 4-4 要求编写程序，输入学生的成绩，单击“等级”按钮，显示其对应的等级（大于等于 90 分为“优秀”，小于 90 分且大于等于 80 分为“良好”，小于 80 分且大于等于 70 分为“中等”，小于 70 分且大于等于 60 分为“及格”，小于 60 分为“不及格”），输入的成绩若小于 0 或大于 100，则程序运行结束。程序设计及运行界面如图 4-4 所示。

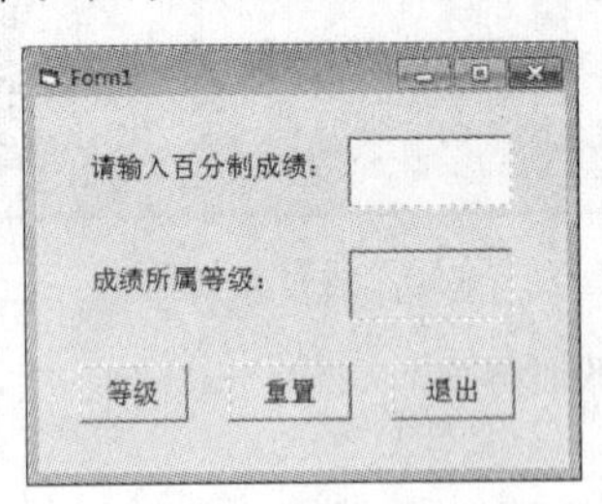

（a） 设计界面

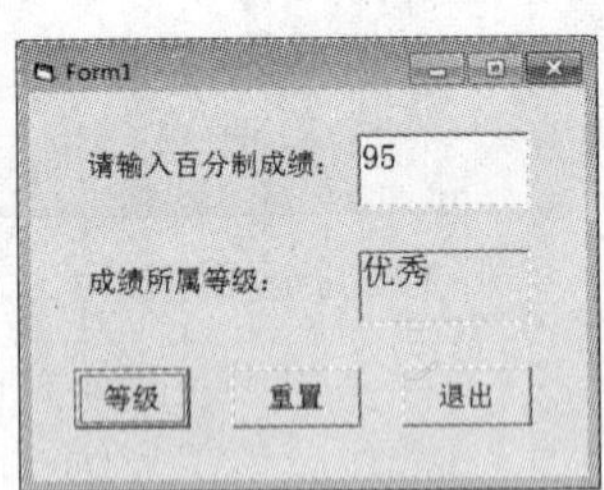

（b） 运行界面（1）

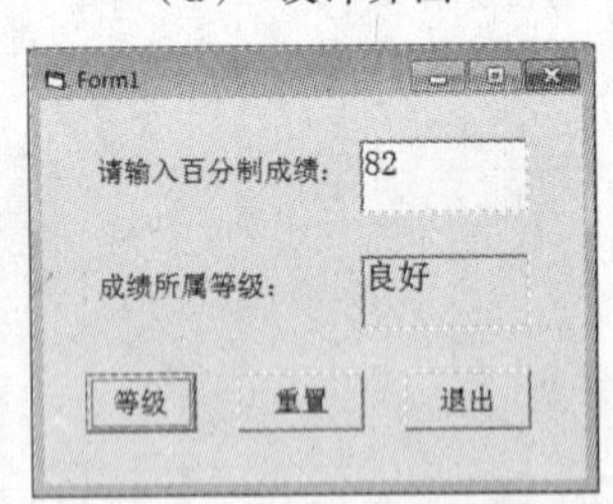

（c） 运行界面（2）

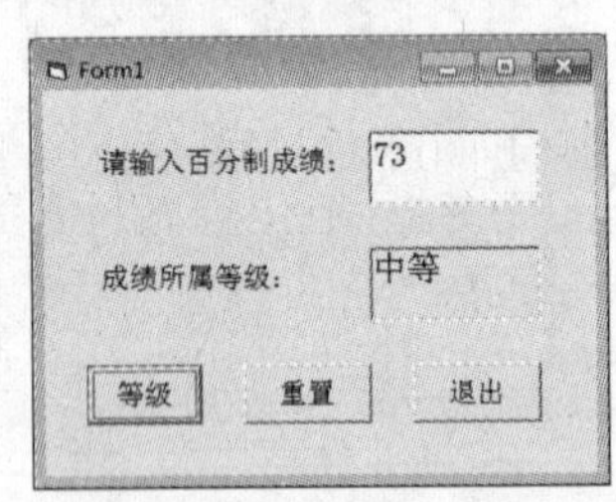

（d） 运行界面（3）

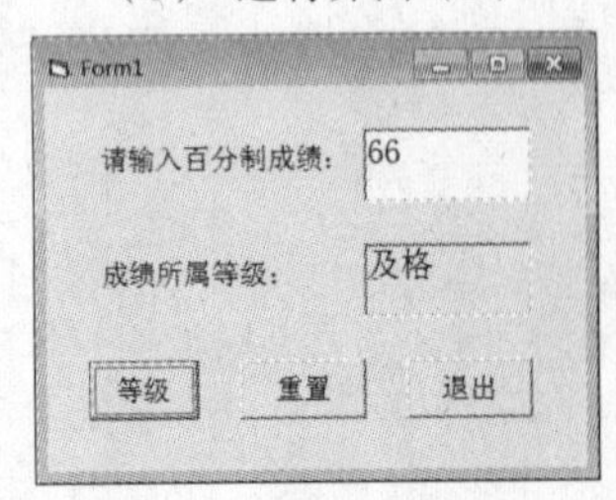

（e） 运行界面（4）

Form1
请输入百分制成绩: 50
成绩所属等级: 不及格
等级 重置 退出

（f） 运行界面（5）

图 4-4 程序设计及运行界面

【实验目的】

掌握 Select Case 语句的使用方法。

【实验详解】

“等级”按钮 Click()事件过程：

```
Private Sub Command1_Click()
    Dim cj As Single, dj As String
    cj = Val(Text1.Text)
    If cj < 0 Or cj > 100 Then End
    Select Case cj
        Case Is >= 90
            dj = "优秀"
        Case Is >= 80
            dj = "良好"
        Case Is >= 70
            dj = "中等"
        Case Is >= 60
            dj = "及格"
        Case Else
            dj = "不及格"
    End Select
    Label3.Caption = dj
End Sub
```

“重置”按钮 Click()事件过程：

```
Private Sub Command2_Click()
    Text1.Text = ""
    Label3.Caption = ""
    Text1.SetFocus
End Sub
```

“退出”按钮 Click()事件过程：

```
Private Sub Command3_Click()
    End
End Sub
```

第 5 章 循环结构

5.1 知识要点

循环是指从某处开始有规律地重复执行某一程序段的现象。被重复执行的程序段称为循环体。使用循环控制结构语句编程，既可以简化程序，又能提高效率。

Visual Basic 提供了三种不同风格的循环结构：For 循环、While 循环和 Do 循环。

5.1.1 For 循环

For 循环也称 For…Next 循环，属于计数型循环，在程序中实现固定次数的循环。其格式为：

```
For 循环变量=初值  To 终值  [Step 步长]
        <语句序列>
        [Exit For]
        …
Next [循环变量]
```

功能：按指定的次数执行循环体。

其中：

循环变量：是用作循环计数器的数值变量，也称为循环控制变量。

初值：循环控制变量的初值，是一个常数或数值表达式。

终值：循环控制变量的终值，是一个常数或数值表达式。

步长：循环控制变量的增量，是一个常数或数值表达式。其值可以是正数（递增循环）或负数（递减循环）。

循环次数由初值、终值和步长三个因素决定，计算公式为：

```
循环次数=Int(终值-初值)/步长+1
```

5.1.2 While 循环

While…Wend 语句又称当循环。与 For…Next 循环不同的是：它不是确定循环次数的循环结构，而是根据给定“条件”的成立与否决定程序的流程。其格式为：

```
While <条件表达式>
        <语句序列>
Wend
```

功能：如果“条件表达式”的值为 True 时，则执行循环中的“语句序列”，即循环体。

执行过程：首先计算“条件表达式”的值，若“条件表达式”的值为 True，则执行循环体。当遇到 Wend 语句时，控制返回到 While 语句并对“条件表达式”进行测试，如仍为 True，则继续执行循环体。否则，如果“条件表达式”的值为 False，则退出循环，执行 Wend 后面的语句。

5.1.3　Do 循环

Visual Basic 的第三种循环控制语句是 Do…Loop 语句，也称 Do 循环。

Do 循环可以有两种格式，既可以在初始位置检查条件是否成立，又可以在执行一遍循环体后的结束位置判断条件是否成立，然后再根据循环条件是 True 或 False 决定是否执行循环体。

Do 循环的格式有两种，分别是：

格式 1：
```
Do
   <语句序列>
   [ Exit Do]
   Loop [While | Until<条件表达式>]
```
格式 2：
```
Do [While | Until<条件表达式>]
   <语句序列>
   [ Exit Do]
   Loop
```
功能：当“条件表达式”的值为 True 或直到“条件表达式”的值为 True 之前，重复执行指定的“语句序列”，即循环体。

若使用 While 关键字，则当条件表达式为 True 时执行循环体，直到条件为 False 时终止循环；若使用 Until 关键字，则当条件表达式为 False 时执行循环体，直到条件为 True 时终止循环。

5.1.4　多重循环

如果循环体内又含有完整的循环语句，则称其为多重循环。

嵌套一层称为二重循环；嵌套二层称为三重循环。嵌套必须是完全嵌入，不允许交叉嵌套。

5.2　实 验 设 计

实验 5-1 设计一个窗体，在文本框 Text1 中输入任意多个字符，单击“显示”按钮，则在文本框 Text2 中将 Text1 中的字符反向显示，程序运行结果如图 5-1 所示。

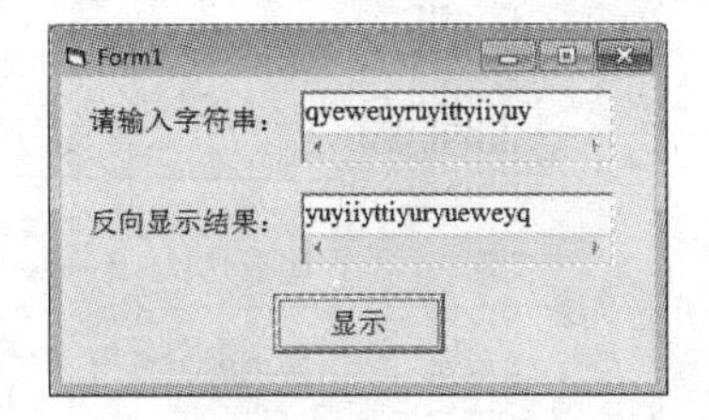

图 5-1　程序运行界面

【实验目的】

掌握 For 循环的使用方法。

【实验详解】

“显示”按钮 Click()事件过程：

```
Private Sub Command1_Click()
    Dim a As String, b As String
    Dim n As Integer, i As Integer
    a = Text1.Text
    n = Len(a)
    For i = n To 1 Step -1
        b = b & Mid(a, i, 1)
    Next i
    Text2.Text = b
End Sub
```

实验 5-2 窗体上设有 4 个命令按钮，要求程序运行后，单击各个按钮，窗体上显示相应的图形。程序设计及运行界面如图 5-2 所示。

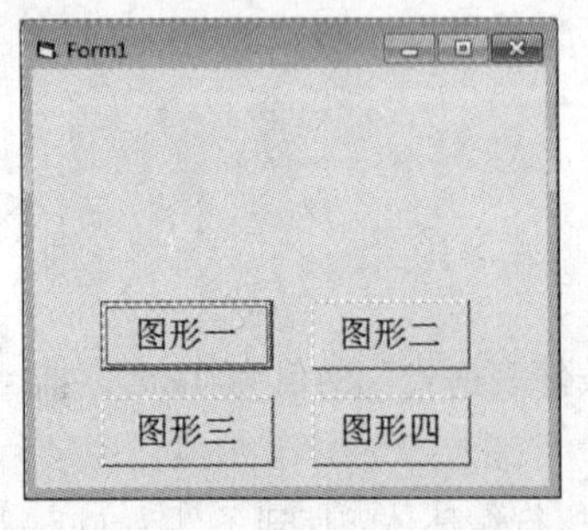

（a） 设计界面

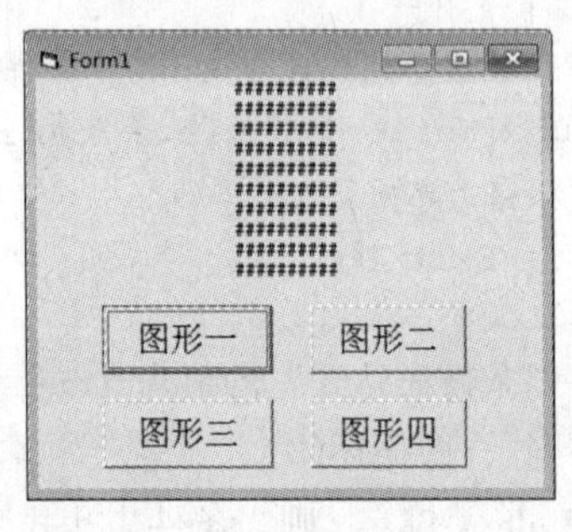

（b） 运行界面（1）

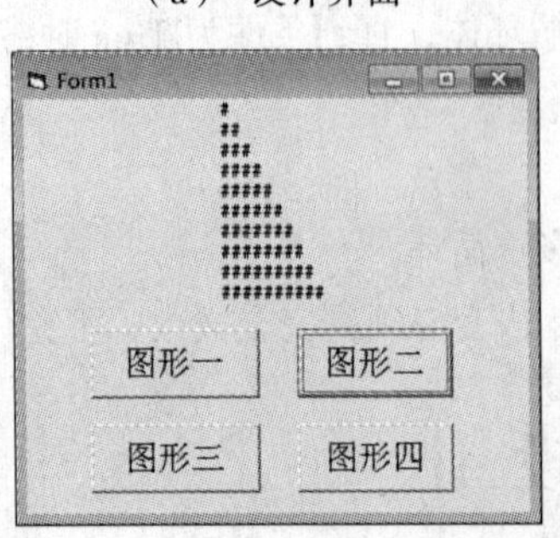

（c） 运行界面（2）

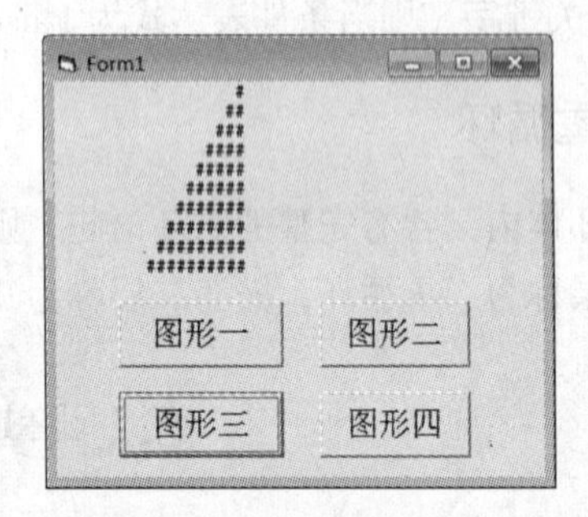

（d） 运行界面（3）

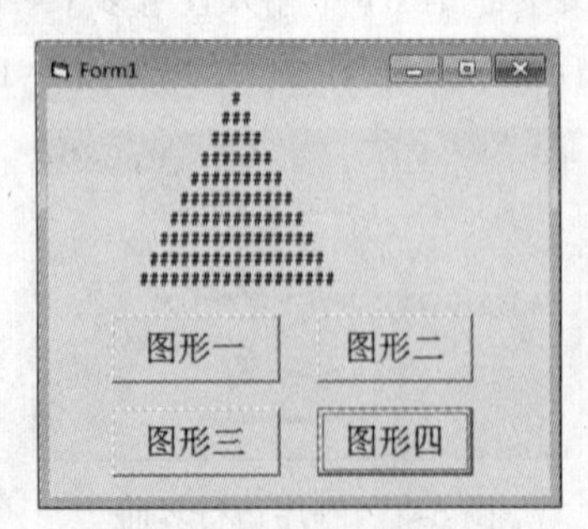

（e） 程序运行界面（4）

图 5-2　程序设计及运行界面

【实验目的】

掌握For循环和循环嵌套的使用方法。

【实验详解】

"图形一"按钮Click()事件过程：

```
Private Sub Command1_Click()
    Dim k As Integer, j As Integer
    Cls
    For k = 1 To 10
        Print Tab(20);
        For j = 1 To 10
            Print "#";
        Next
        Print
    Next
End Sub
```

"图形二"按钮Click()事件过程：

```
Private Sub Command2_Click()
    Dim k As Integer, j As Integer
    Cls
    For k = 1 To 10
        Print Tab(20);
        For j = 1 To k
            Print "#";
        Next
        Print
    Next
End Sub
```

"图形三"按钮Click()事件过程：

```
Private Sub Command3_Click()
    Dim k As Integer, j As Integer
    Cls
    For k = 1 To 10
        Print Tab(20 - k);
        For j = 1 To k
            Print "#";
        Next
        Print
    Next
End Sub
```

"图形四"按钮Click()事件过程：

```
Private Sub Command4_Click()
    Dim k As Integer, j As Integer
    Cls
    For k = 1 To 10
        Print Tab(20 - k);
```

```
        For j = 1 To 2 * k - 1
            Print "#";
        Next
        Print
    Next
End Sub
```

实验 5-3 编写程序，在窗体上输出菱形。要求程序运行后，弹出输入框，询问菱形的行数，若输入的行数不是奇数，则拒绝接收，直到输入的行数是奇数为止。假设输入的行数是 9，程序运行结果如图 5-3 所示。

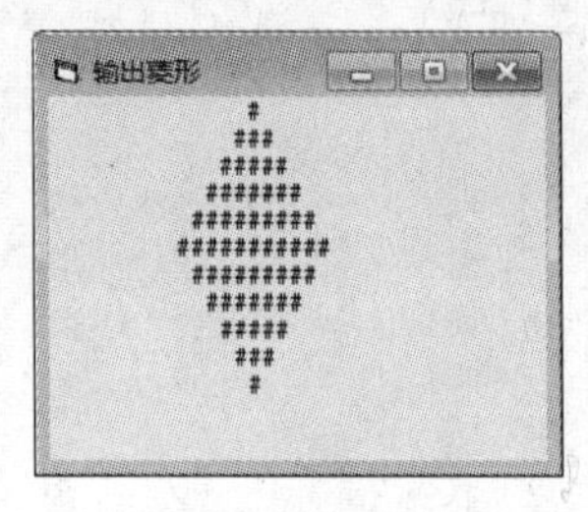

图 5-3　程序运行界面

【实验目的】

掌握 Do 循环和 For 循环嵌套的使用方法。

【实验详解】

```
Private Sub Form_Click()
    Dim i As Integer, j As Integer
    Dim x As Integer, k As Integer
    Dim p As Integer, h As Boolean
    Do Until h
        x = Val(InputBox("输入行数(只能是奇数)", "菱形行数"))
        If x Mod 2 <> 0 Then h = Not h
    Loop
    k = x \ 2 + 1
    For i = 1 To x
        p = Abs(i - k)
        Print Tab(10 + p);
        For j = 1 To 2 * k - 1 - 2 * p
            Print "#";
        Next j
        Print
    Next i
End Sub
```

第 6 章　过　程

6.1　知 识 要 点

Visual Basic 应用程序是由过程组成的，使用过程是实现结构化程序设计思想的重要方法。在用 Visual Basic 开发应用程序时,除了使用控件设计必要的用户界面外,大部分工作都是编写过程。

Visual Basic 过程除了事件过程、系统内部函数过程外，还包括 Sub 过程（子程序过程）和 Function 过程（函数过程），通常称其为"通用过程"。通用过程不与任何特定的事件相联系，它既可以写在窗体模块中，也可以写在标准模块中，可以供事件过程或其他通用过程调用。

6.1.1　Sub 过程

1．Sub 过程的定义

Sub 过程的结构与事件过程的结构类似。其格式为：

```
[Private] [Public] Sub<过程名> [(参数表)]
    <语句序列>
    [Exit Sub]
    <语句序列>
End Sub
```

2．Sub 过程的调用

方法一：用 Call 语句调用 Sub 过程，其格式为：

```
Call 过程名[(参数表)]
```

方法二：把过程名作为一个语句来使用，其格式为：

```
过程名 [参数表]
```

6.1.2　Function 过程

1．Function 过程的定义

Function 过程定义的格式为：

```
[Private][Public] Function 过程名 [(参数表)][As 类型]
    <语句序列>
    [Exit Function]
    [过程名 = <表达式>]
End Function
```

由 Function 过程返回的值放在〈表达式〉中，由“过程名=表达式”语句将它赋给“过程名”。如果“过程名=<表达式>”项省略，则该过程返回“0”（数值函数过程）或空字符串（字符串函数过程）。

2. Function 过程的调用

Function 过程与 Visual Basic 内部函数的调用方法相同。其格式为：

过程名（参数表）

Function 过程通常不能作为单独的语句加以调用，使用时表达式可以是一部分出现，例如，将 Function 过程的返回值赋给一个变量。

6.1.3 过程间参数的传递

过程中的代码有时需要某些有关程序执行状态的数据才能完成其操作，其中包括在调用过程时传递到过程内的常量、变量、表达式或数组，通常称为参数。

1. 形式参数与实际参数

形式参数（简称形参）是指在定义通用过程时，出现在 Sub、Function 语句中的变量名，是接收数据的变量，形式参数表中各个变量之间用逗号隔开。

实际参数（简称实参）则是在调用通用过程时，传送给 Sub 或 Function 过程的常数、变量、表达式或数组。

在定义通用过程时，形式参数为实际参数预留位置，而在调用通用过程时，实际参数则按位依次传给形式参数。（形参表）与（实参表）对应的变量名不必相同，但变量个数必须相等，相应的类型必须相同。

2. 按值传递与按址传递

在 Visual Basic 中，可通过两种方式传递实际参数，即传地址和传值。

（1）按地址传递

按地址传递参数，就是让过程根据变量的内存地址去访问变量的内容，即形参与实参共用相同的单元地址。这意味着，如果过程中改变了变量值，就会将结果带回到调用它的上级程序或过程，引起实参值的改变。也就是说，当使用按址传递参数时，有可能改变传递给过程的变量（实参）的值。

在定义通用过程时，如果形参前面没有加“ByVal”（或者加 ByRef），则该参数用传址方式传送。此时，实参必须是变量，不能是常量或表达式。

（2）按值传递

按值传递参数时，系统把需要传递的变量复制到一个临时单元中，然后把该临时单元的地址传送给被调用的通用过程。由于通用过程没有访问变量（实参）的原始地址，因而不会改变原来变量的值。所以说，按值传递只是传递变量的副本，如果过程改变了这个值，所做的变动只影响副本并不涉及变量本身。

当要求变量按值传递时，可在定义通用过程时，形参前面使用关键字 ByVal 来实现。也就是说，在定义通用过程时，如果形参前面有关键字 ByVal，则该参数用传值方式传递，否则按址传递。

6.1.4 变量的作用域

由于定义变量时所用语句出现的位置和采用的关键字不同，使得变量的作用范围不同。变量的作用范围是指能够访问该变量的程序代码范围，称为变量作用域。

1. 局部变量

在一个过程（事件过程或通用过程）内部使用 Dim 或 Static 关键字定义的变量称为局部变量或过程级变量，其作用域是它所在的过程。局部变量一般用来存放中间结果或用作临时变量，只有该过程内部的代码才能访问或改变该变量的值，其变化并不影响其他过程中的同名局部变量。

局部变量的声明语句：

```
Dim <变量名> [AS 类型]
Static<变量名> [AS 类型]
```

说明：

① 如果在过程中没有进行定义而直接使用某个变量，该变量视为局部变量；

② 用 Static 定义的变量在应用程序的整个运行过程中都一直存在，当过程执行完毕时，该变量的值依然保留，它所占的内存单元并未释放，下一次再执行该过程时，该变量的值是上次过程结束时的值；

③ 用 Dim 定义的变量只在过程执行时存在，退出过程后，这类变量就会消失（被释放），下一次再执行该过程时，重新分配内存。

2. 模块变量

在窗体模块和标准模块的通用段中用 Private 或 Dim 关键字定义的变量称为模块变量。

在窗体模块的通用段中用 Private 或 Dim 关键字定义的变量称为窗体变量，窗体变量可用于该窗体内的所有过程。当同一个窗体内的不同过程使用同一变量时，应该将该变量定义为窗体变量。

3. 全局变量

在窗体模块和标准模块的通用段中用 Public 关键字声明变量称为全局变量。其作用域是整个应用程序，在工程中所有模块的各过程中都可以使用它。

6.1.5 图片框和图像框

图片框（PictureBox）和图像框（Image）是 Visual Basic 6.0 中用来显示图形信息的两种基本控件，可以显示.bmp、.ico、.wmf、.jpg、.gif 等类型的文件。

1. Picture 属性

该属性用于向图片框和图像框中加载图像。既可以在设计时通过属性窗口设置，也可以在程序运行时调用 LoadPicture 函数进行设置。

2. LoadPicture()函数

该函数的功能是在程序运行时将图形载入图片框或图像框控件中。其语法为：

```
<对象名>.Picture = LoadPicture ([PicturePath])
```

其中，PicturePath 代表被载入图形文件的路径及文件名，可用 App.Path 表示当前路径；若省略 PicturePath，则清除图片框或图像框中的图像。

例如：
```
Image1.Picture = LoadPicture("c:\ Pic\p1.gif")
Image1.Picture = LoadPicture(App.Path + "\ p1.gif")
Image1.Picture = LoadPicture()
```

3．AutoSize 属性

用于确定图片框的尺寸是否与所加载图形的大小相适应，取值为 True 或 False，默认值为 False。

当取值为 True 时，图片框将根据原始图形的大小自动调整控件尺寸。

当取值为 False 时，若图形比图片框小，保持图形原始尺寸；若图形比图片框大，图形自动被压缩。

4．Stretch 属性

用于确定图像框的尺寸是否与所加载图形的大小相适应，取值为 True 或 False，默认值为 False。

当取值为 True 时，将调整图形适应图像框的大小。

当取值为 False 时，将自动调整图像框尺寸以适应加载图形的大小。

关于上述两个属性的具体效果参见实验 6-5。

5．常用事件及方法

图片框和图像框可以触发 Click 和 DblClick 等事件。

6.1.6 滚动条

滚动条控件（ScrollBar）可用来提供某一范围内的数值让用户选择。通过滚动条用户可以在应用程序或控件中浏览较长的项目，也可以作为数据输入的工具。

在 Visual Basic 中，滚动条分为水平滚动条（HScrollBar）和垂直滚动条（VScrollBar）两种。在工具箱中，其图标为 。

1．Value 属性

用于记录滚动块在滚动条中当前位置的数值。在滚动条内单击或单击滚动条两端的箭头以及拖动滚动块时，都能改变此属性的值。如果用户在程序中改变此属性值，滚动块也同时做相应的移动。

Value 属性是滚动条的默认属性。

2．Max 和 Min 属性

用于设置滚动条 Value 值的最大值和最小值。其取值范围都是：-32 768～32 767。当水平滚动条位于最左边时，Value 取最小值 Min；当水平滚动条位于最右边时，Value 取最大值 Max。

3．LargeChange 属性

当单击滚动条的空白处时，滚动块每次增加（或减少）Value 属性值的增量。

4．SmallChange 属性

当单击滚动条两端的箭头时，滚动块每次增加（或减少）Value 属性值的增量。

5．常用事件

滚动条响应的事件主要是 Change 事件和 Scroll 事件。

Change 事件：当用户单击滚动条空白处或两端箭头，以及释放滚动块时触发此事件。通常用于获取滚动条内滚动块变化后的最终位置所对应的 Value 值。

Scroll 事件：当用户在滚动条内拖动滚动块时触发此事件。用于跟踪滚动条中滚动块的动态变化。

6.2　实 验 设 计

实验 6-1 在窗体中添加 1 个图片框、2 个命令按钮，在当前文件夹下有一幅图片 dog.gif。要求程序运行后，单击“显示”按钮，运行界面如图 6-1（a）所示，单击“清除”按钮，运行界面如图 6-1（b）所示。

（a）运行界面（1）

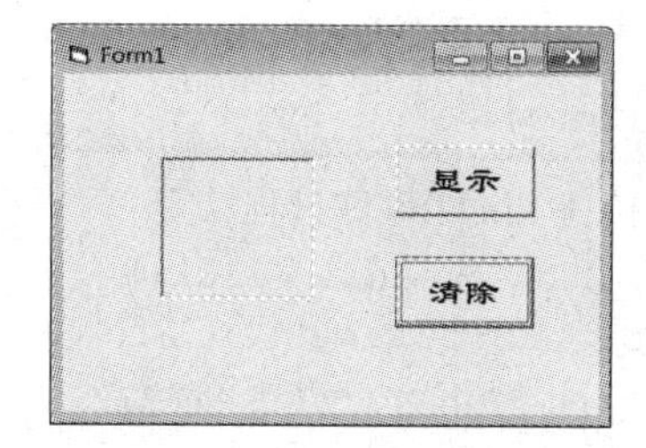

（b）运行界面（2）

图 6-1　程序运行界面

【实验目的】

掌握图片框中加载图像和清除图像的简单应用。

【实验详解】

“显示”按钮 Click()事件过程：

```
Private Sub Command1_Click()
    Picture1.Picture = LoadPicture(App.Path + "\dog.gif")
End Sub
```

“清除”按钮 Click()事件过程：

```
Private Sub Command2_Click()
    Picture1.Picture = LoadPicture()
End Sub
```

实验 6-2 窗体上设有 1 个文本框、1 个带边框的标签、1 个计时器和 1 个命令按钮。在属性窗口中设置计时器控件的 Enabled 属性为 False，Interval 属性为 1000；标签的背景色为黄色，前景色为红色。程序运行后，单击“开始”按钮，文本框显示系统当前时间；标签显示“满园春色”字样，黄底红字。此后，每隔 1s，文本框中的时间更新一次，标签的前景色和背景色就交换一次，窗体标题同时交替显示“黄底红字”和“红底黄字”。程序运行界面如图 6-2 所示。

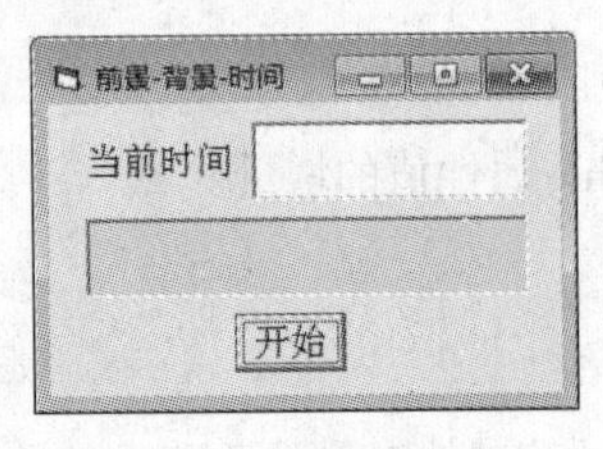

（a） 运行界面（1）

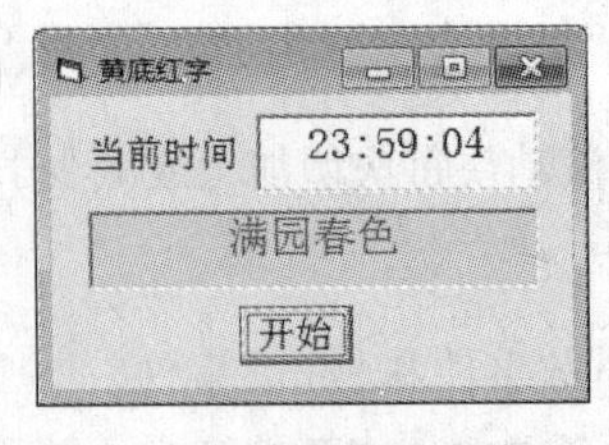

（b） 运行界面（2）

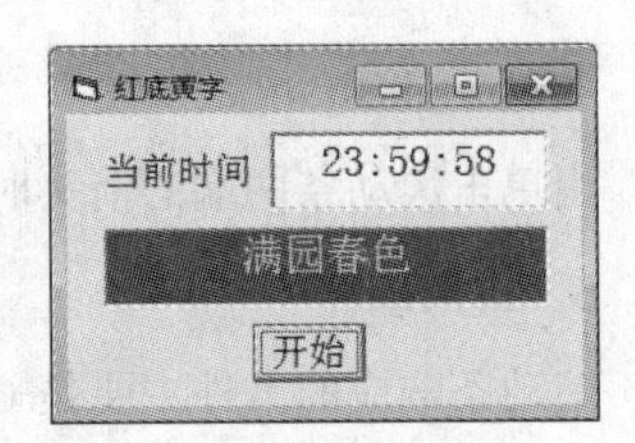

（c） 运行界面（3）

图 6-2　程序运行界面

【实验目的】

掌握 Static 定义的静态变量使用方法。

【实验详解】

窗体 Load()事件过程：

```
Private Sub Form_Load()
    Command1.TabIndex = 0
    Text1.Alignment = 2
    Text1.FontSize = 14
    Label1.Alignment = 2
    Label1.FontSize = 14
End Sub
```

“开始”按钮 Click()事件过程：

```
Private Sub Command1_Click()
    Text1.Text = Time
    Label1.Caption = "满园春色"
    Timer1.Enabled = True
End Sub
```

计时器 Timer()事件过程：

```
Private Sub Timer1_Timer()
    Static b As Boolean
    If b Then
        Form1.Caption = "黄底红字"
    Else
        Form1.Caption = "红底黄字"
    End If
    b = Not b
    s = Label1.BackColor
    Label1.BackColor = Label1.ForeColor
    Label1.ForeColor = s
    Text1.Text = Time
End Sub
```

实验 6-3 在窗体中添加 1 个图像框、3 个命令按钮和 1 个计时器，在当前文件夹下有三幅图像 p1.gif、p2.gif、p3.gif。要求程序运行后，单击“显示图像”按钮，每间隔 1s，图像框中的图像框依次轮流显示一次；单击“清除图像”按钮，则清除图像框中的图像；单击“结束”按钮，程序结束。窗体设计和程序运行界面如图 6-3 所示。

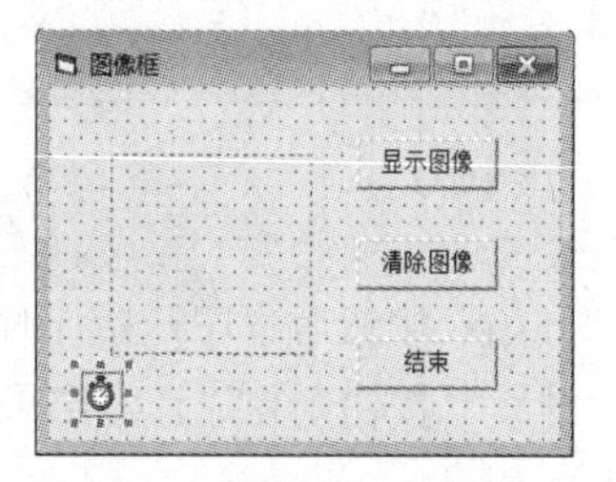

（a） 窗体设计界面

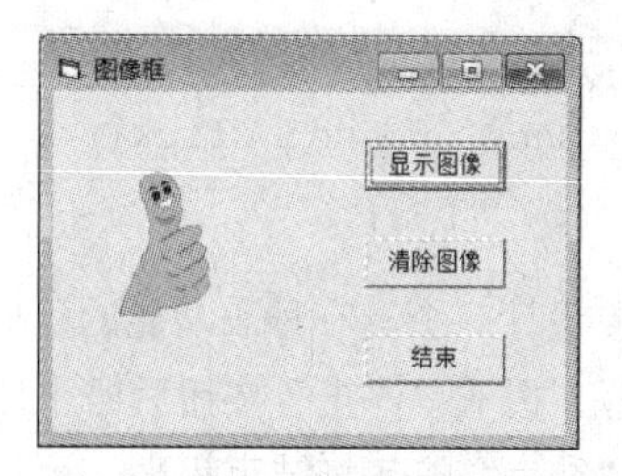

（b） 程序运行界面（1）

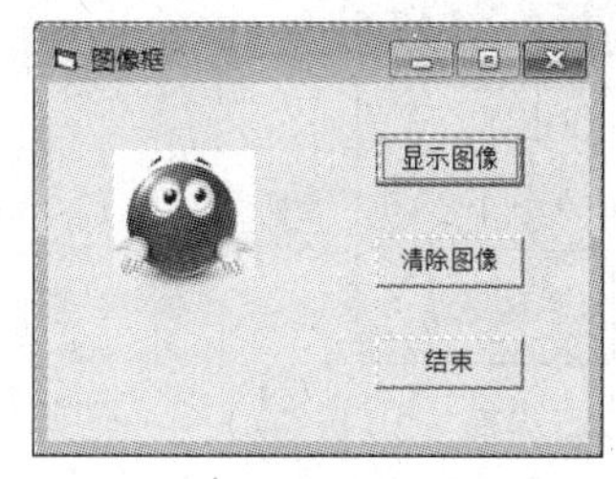

（c） 程序运行界面（2）

（d） 程序运行界面（3）

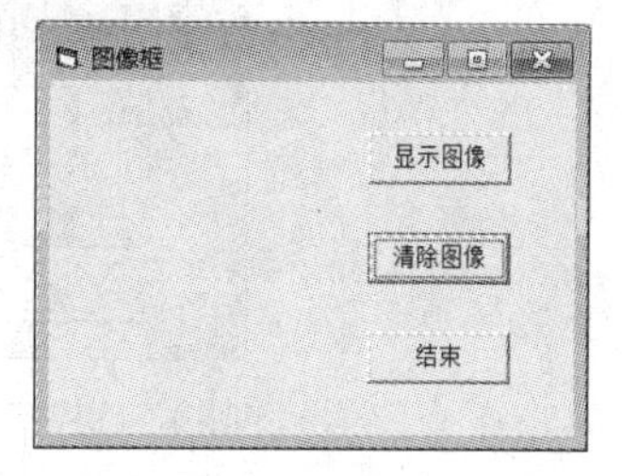

（e） 程序运行界面（4）

图 6-3　窗体设计及程序运行界面

【实验目的】

掌握窗体级变量和图像框中加载图像和清除图像的方法。

【实验详解】

程序中定义变量 S1、S2、S3、S4 的位置是通用声明段，是窗体级变量。

```
Dim S1 As String, S2 As String, S3 As String, S4 As String
```

窗体 Load()事件过程：

```
Private Sub Form_Load()
   S1 = App.Path + "\p1.gif"
   S2 = App.Path + "\p2.gif"
   S3 = App.Path + "\p3.gif"
End Sub
```

“显示图像”按钮 Click()事件过程：

```
Private Sub Command1_Click()
   Timer1.Interval = 1000
   Timer1.Enabled = True
End Sub
```

“清除图像”按钮 Click()事件过程：

```
Private Sub Command2_Click()
    Image1.Picture = LoadPicture()
    Timer1.Enabled = False
End Sub
```

计时器 Timer()事件过程：

```
Private Sub Timer1_Timer()
   S4 = S3
   S3 = S2
   S2 = S1
   S1 = S4
   Image1.Picture = LoadPicture(S1)
End Sub
```

“结束”按钮 Click()事件过程：

```
Private Sub Command3_Click()
    End
End Sub
```

实验 6-4 设计一个具有秒表功能的程序，当按下“开始”按钮后程序开始计时，此时文本框如同秒表屏幕，按下“停止”按钮后停止计时，按下“继续”按钮则在原计时结果的基础上继续计时，按下“结束”按钮将结束程序，运行结果如图 6-4 所示。

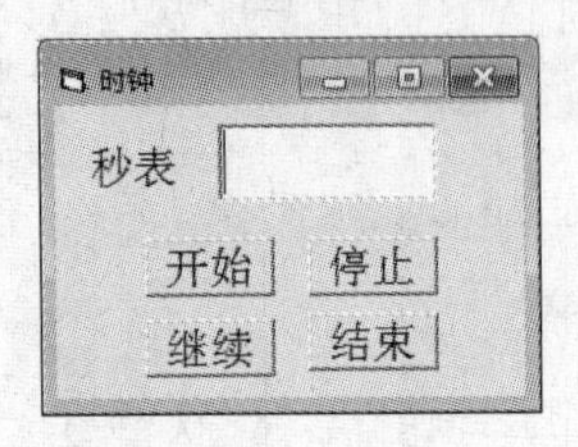

（a） 程序运行界面（1）

（b） 程序运行界面（2）

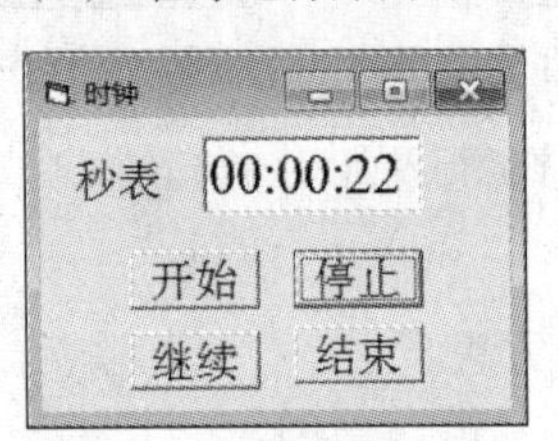

（c） 程序运行界面（3）

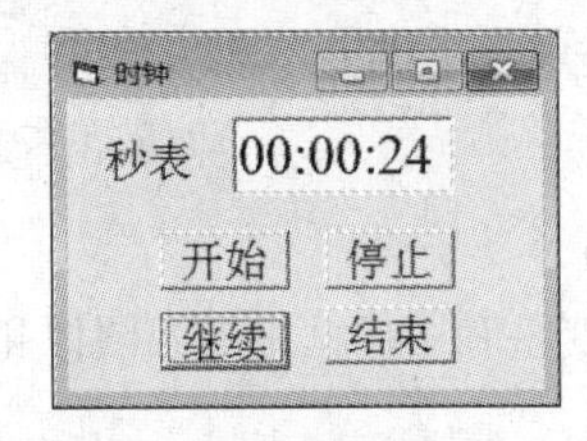

（d） 程序运行界面（4）

图 6-4　程序运行界面

【实验目的】

掌握窗体级变量的方法。

【实验详解】

程序中定义变量 x、y、z 的位置是通用声明段，是窗体级变量。

```
Option Explicit
Dim x As Variant, y As Variant, z As Variant
```

窗体 Load()事件过程：

```
Private Sub Form_Load()
    Text1.Text = ""
    Timer1.Interval = 1000
    Timer1.Enabled = False
End Sub
```

“开始”按钮 Click()事件过程：

```
Private Sub Command1_Click()
    Timer1.Enabled = True
    x = Time
End Sub
```

“停止”按钮 Click()事件过程：

```
Private Sub Command2_Click()
    Timer1.Enabled = False
End Sub
```

"继续"按钮 Click()事件过程：

```
Private Sub Command3_Click()
    Timer1.Enabled = True
    x = Time - z
End Sub
```

"结束"按钮 Click()事件过程：

```
Private Sub Command4_Click()
    End
End Sub
```

计时器 Timer()事件过程：

```
Private Sub Timer1_Timer()
    y = Time
    z = y - x
    Text1.Text = Format(z, "hh:mm:ss")
End Sub
```

实验 6-5 在窗体中添加 2 个图片框和 2 个图像框，观察其 AutoSize 属性和 Stretch 属性的特点。窗口设计界面如图 6-5 所示。

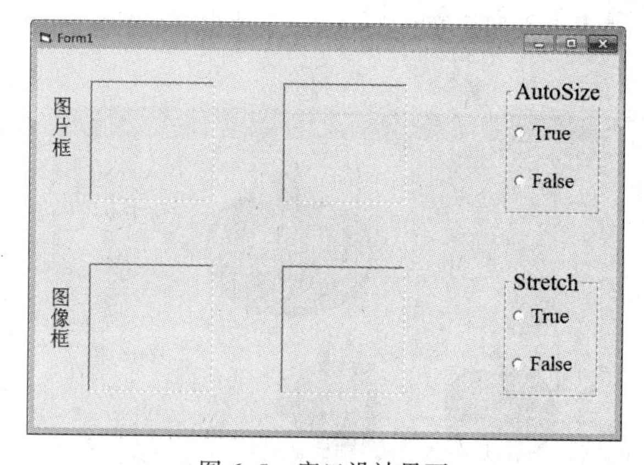

图 6-5　窗口设计界面

【实验目的】

掌握 AutoSize 属性和 Stretch 属性的特点及使用方法。

【实验详解】

单选按钮 Option1_Click()事件过程：

```
Private Sub Option1_Click()
    Picture1.AutoSize = True
    Picture2.AutoSize = True
    Picture1.Picture = LoadPicture(App.Path + "\t1.gif")
    Picture2.Picture = LoadPicture(App.Path + "\t2.wmf")
End Sub
```

单选按钮 Option2_Click()事件过程：

```
Private Sub Option2_Click()
    Picture1.AutoSize = False
    Picture2.AutoSize = False
    Picture1.Picture = LoadPicture()
    Picture1.Picture = LoadPicture(App.Path + "\t1.gif")
```

```
    Picture2.Picture = LoadPicture(App.Path + "\t2.wmf")
End Sub
```

单选按钮 Option3_Click()事件过程：

```
Private Sub Option3_Click()
    Image1.Stretch = True
    Image2.Stretch = True
    Image1.Picture = LoadPicture()
    Image1.Picture = LoadPicture(App.Path + "\t2.wmf")
    Image2.Picture = LoadPicture(App.Path + "\t1.gif")
End Sub
```

单选按钮 Option4_Click()事件过程：

```
Private Sub Option4_Click()
    Image1.Picture = LoadPicture()
    Image1.Stretch = False
    Image2.Stretch = False
    Image1.Picture = LoadPicture(App.Path + "\t2.wmf")
    Image2.Picture = LoadPicture(App.Path + "\t1.gif")
End Sub
```

程序运行后，当用户选择两个图片框的 AutoSize 属性和两个图像框的 Stretch 属性为 True 时，程序运行界面如图 6-6 所示。

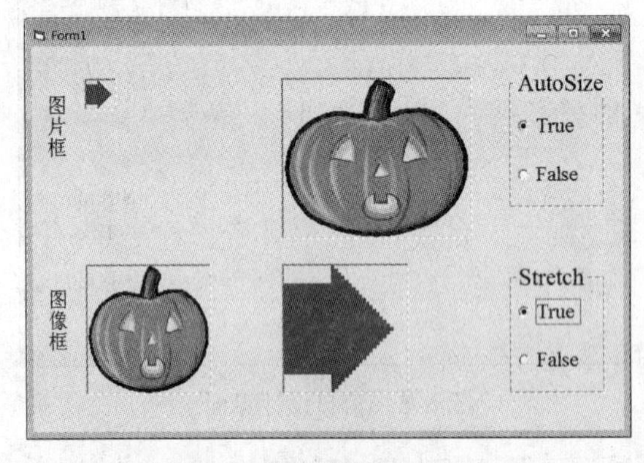

图 6-6　程序运行界面（1）

程序运行后，当用户选择两个图片框的 AutoSize 属性和两个图像框的 Stretch 属性为 False 时，程序运行界面如图 6-7 所示。

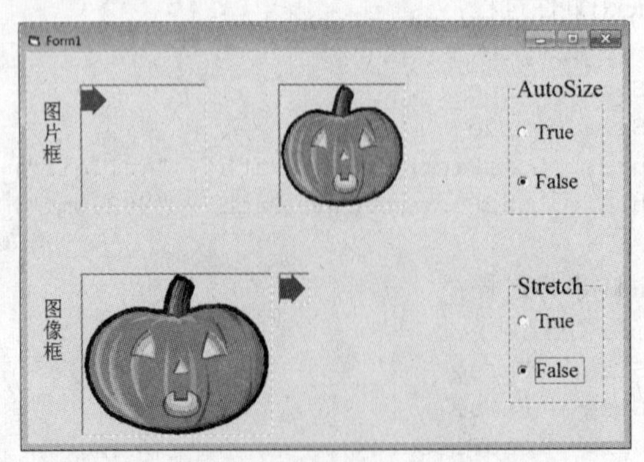

图 6-7　程序运行界面（2）

程序运行后，当用户选择两个图片框的 AutoSize 属性为 True，两个图像框的 Stretch 属性为 False 时，程序运行界面如图 6-8 所示。

图 6-8 程序运行界面（3）

程序运行后，当用户选择两个图片框的 AutoSize 属性为 False，两个图像框的 Stretch 属性为 True 时，程序运行界面如图 6-9 所示。

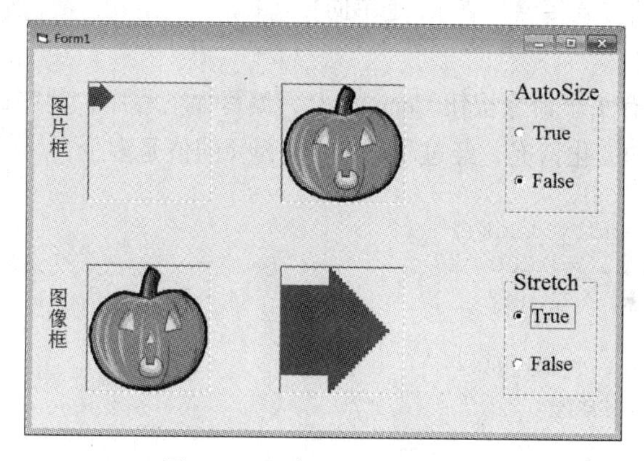

图 6-9 程序运行界面（4）

实验 6-6 编写程序如下，程序运行后单击窗体，变量 x 和变量 y 的值是多少？

```
Dim x As Integer
```

Sub 过程 inc：

```
Sub inc(m As Integer, ByVal n As Integer)
   x = x + m * 8 - 6
   n = m + n + x
End Sub
```

窗体 Click()事件过程：

```
Private Sub Form_Click()
   Dim y As Integer
   inc 1, y
   inc 2, y
   Print x; y
End Sub
```

【实验目的】

掌握 Sub 过程的调用及参数传递的方法。

【实验详解】

由于参数 y 是以传值方式传给形参 n，是单向传递；x 是模块变量，所以程序运行后结果为：12、0。

如果将语句 Dim x As Integer 移到窗体 Click()事件过程中，代码为：

Sub 过程：

```
Sub inc(m As Integer, ByVal n As Integer)
    x = x + m * 8 - 6
    n = m + n + x
End Sub
```

窗体 Click()事件过程：

```
Private Sub Form_Click()
    Dim x As Integer
    Dim y As Integer
    inc 1, y
    inc 2, y
    Print x; y
End Sub
```

由于参数 y 是以传值方式传给形参 n，是单向传递；x 是过程级变量，所以程序运行后结果为：0、0。

实验 6-7 窗体上设有 1 个命令按钮 Command1，编写如下程序，程序运行后单击命令按钮，观察每过 1s，变量 s 值的变化情况，经过 10s 后，变量 s 的值是多少？

```
Dim s As Integer
Private Sub Command1_Click()
    Timer1.Interval = 1000
    Timer1.Enabled = True
End Sub
Private Sub Timer1_Timer()
    Static m As Integer
    m = m + 1
    s = s + 2
    Print Tab(5); "第"; m; "秒: "; "s="; s
End Sub
```

【实验目的】

掌握局部变量（过程级变量）和模块变量的区别。

【实验详解】

① 由于程序中定义变量 s 的位置是通用声明段，它是一个模块变量，在过程执行时，其值会延续，所以经过 10s 后，变量 s 的值累加为 20，程序运行结果如图 6-10 所示。

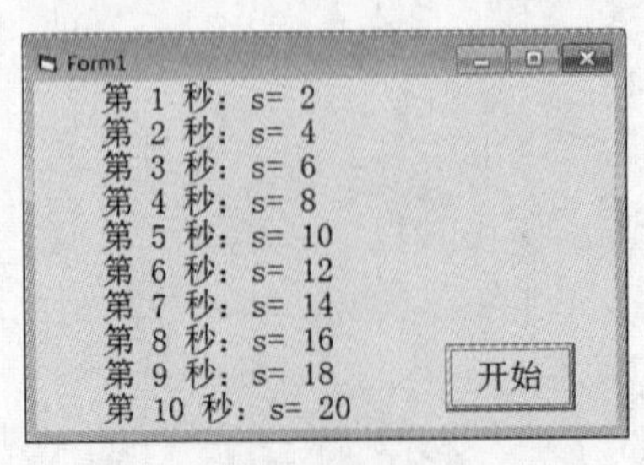

图 6-10 程序运行结果（1）

② 如果将通用声明段的语句“Dim s As Integer”移至 Timer1_Timer()事件过程中，代码如下：

命令按钮 Click()事件过程：

```
Private Sub Command1_Click()
    Timer1.Interval = 1000
    Timer1.Enabled = True
End Sub
```

计时器 Timer()事件过程：

```
Private Sub Timer1_Timer()
    Dim s As Integer    ' 定义 s 为过程级变量
    Static m As Integer
    m = m + 1
    s = s + 2
    Print Tab(5); "第"; m; "秒: "; "s="; s
End Sub
```

由于此时变量 s 已定义为局部（过程级）变量，而用 Dim 定义的变量只在过程执行时存在，退出过程后，变量就会被释放，下一次再执行该过程时，系统重新将其初始化为零，所以经过 10s 后，变量 s 的值依然为 2，运行结果如图 6-11 所示。

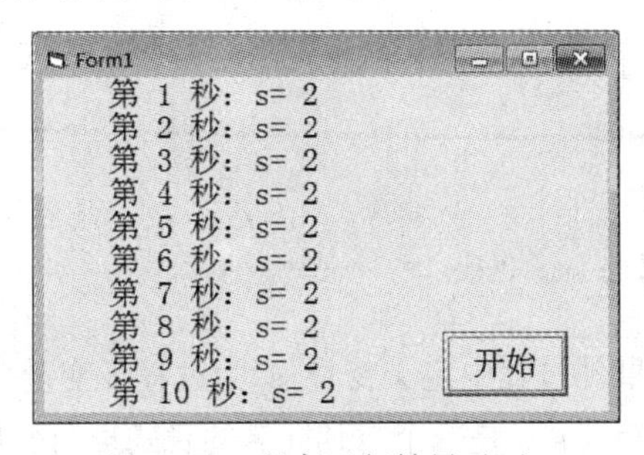

图 6-11　程序运行结果（2）

③ 如果将语句“Dim s As Integer”改写为“Static s As Integer”，代码如下：

命令按钮 Click()事件过程：

```
Private Sub Command1_Click()
    Timer1.Interval = 1000
    Timer1.Enabled = True
End Sub
```

计时器 Timer()事件过程：

```
Private Sub Timer1_Timer()
    Static s As Integer    ' 定义 s 为静态变量
    Static m As Integer
    m = m + 1
    s = s + 2
    Print Tab(5); "第"; m; "秒: "; "s="; s
End Sub
```

由于此时变量 s 已定义为静态（过程级）变量，而用 Static 定义的变量在应用程序的整个运行过程中都一直存在，当过程执行完毕时，该变量的值依然保留，它所占的内存单元并未释放，下一次再执行该过程时，该变量的值是上次过程结束时的值，所以经过 10s 后，变量 s 的值累加为 20，运行结果如图 6-12 所示。

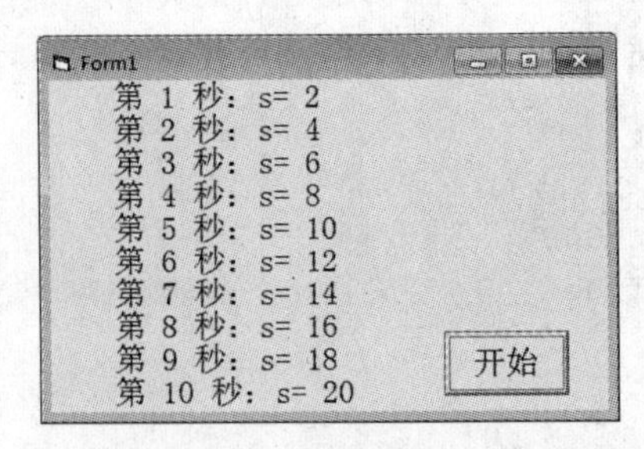

图 6-12　程序运行结果（3）

④ 如果将 Timer1_Timer()事件过程中的语句“Static s As Integer”移至 Command1_ Click ()事件过程中，代码如下：

命令按钮 Click()事件过程：

```
Private Sub Command1_Click()
    Static s As Integer
    Timer1.Interval = 1000
    Timer1.Enabled = True
End Sub
```

计时器 Timer()事件过程：

```
Private Sub Timer1_Timer()
    Static m As Integer
    m = m + 1
    s = s + 2
    Print Tab(5); "第"; m; "秒: "; "s="; s
End Sub
```

由于 Command1_Timer()事件过程中定义变量 s 为过程级变量，其作用域仅限于该过程；而 Timer1_Timer()事件过程中的变量 s 只是一个与其同名的隐式声明变量，该变量视为局部变量，和 Command1_Timer()事件过程中定义的变量 s 无任何关系，所以经过 10s 后，变量 s 的值依然为 2，运行结果如图 6-13 所示。

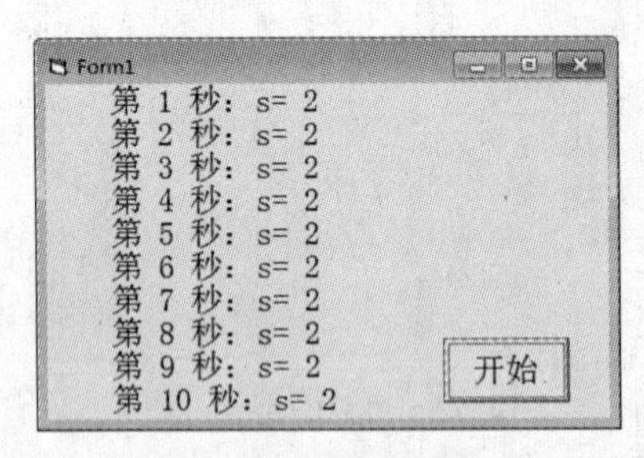

图 6-13　程序运行结果（4）

⑤ 如果将 Command1_Click()事件过程中的语句“Static s As Integer”改写为“Dim s As Integer”，代码如下：

命令按钮 Click()事件过程：

```
Private Sub Command1_Click()
    Dim s As Integer
    Timer1.Interval = 1000
    Timer1.Enabled = True
End Sub
```

计时器 Timer()事件过程：

```
Private Sub Timer1_Timer()
   Static m As Integer
   m = m + 1
   s = s + 2
   Print Tab(5); "第"; m; "秒: "; "s="; s
End Sub
```

经过 10s 后，变量 s 的值依然为 2，运行结果如图 6-14 所示。

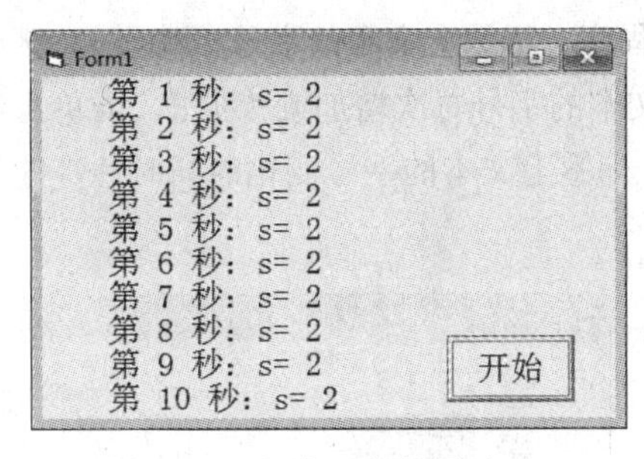

图 6-14　程序运行结果（5）

实验 6-8 在窗体上建立了 1 个水平滚动条 HS1，Max 属性设置为 365，Min 属性设置为 0。要求程序运行后，在文本框中输入 0～365 之间的数据，滚动块随之跳到相应的位置；当单击滚动条两端的箭头、滚动条空白处或拖动滚动块时，文本框中的数值亦随之变化；如果单击滚动条之外的窗体部分，则滚动块跳到最右端，运行界面如图 6-15 所示。

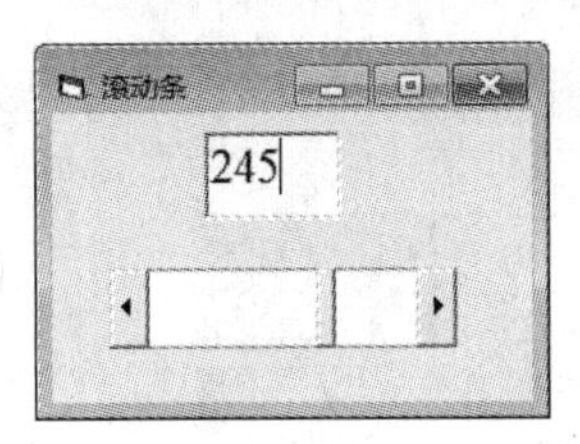

（a） 运行界面（1）

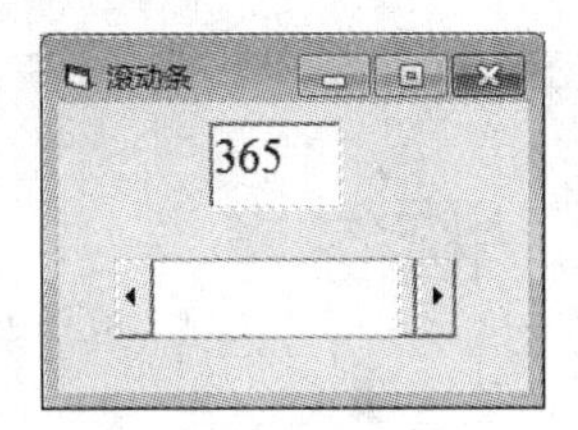

（b） 运行界面（2）

图 6-15　程序运行界面

【实验目的】

掌握滚动条的简单应用。

【实验详解】

窗体 Load()事件过程：

```
Private Sub Form_Load()
   HS1.Min = 0
   HS1.Max = 365
   HS1.SmallChange = 1
   HS1.LargeChange = 5
End Sub
```

滚动条 Change()事件过程：

```
Private Sub HS1_Change()
   Text1.Text = HS1.Value
End Sub
```

窗体 Click()事件过程：

```
Private Sub Form_Click()
   HS1.Value = HS1.Max
End Sub
```

文本框 Change()事件过程：

```
Private Sub Text1_Change()
   HS1.Value = Text1
End Sub
```

实验 6-9 创建一个应用程序，标签上文本的字号在 18～48 区间发生变化，要求：当单击滚动条两端的箭头时，标签上文本的字号每次增加或减少 1，当单击滚动条的空白处时，标签上文本的字号每次增加或减少 4，标签上文本的字号变化的同时标签的尺寸也随之变化。程序设计及运行界面如图 6-16 所示。

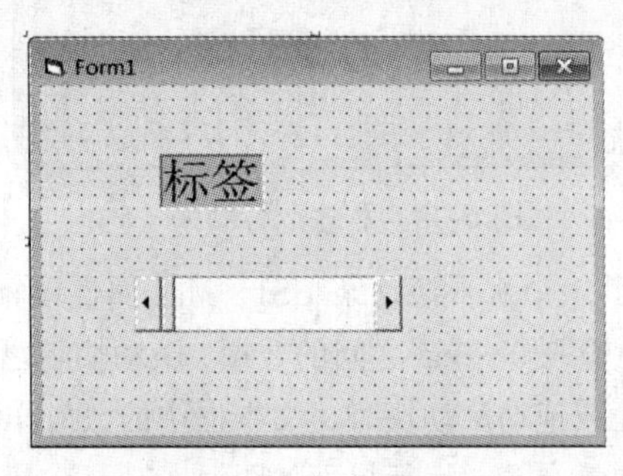

（a） 设计界面

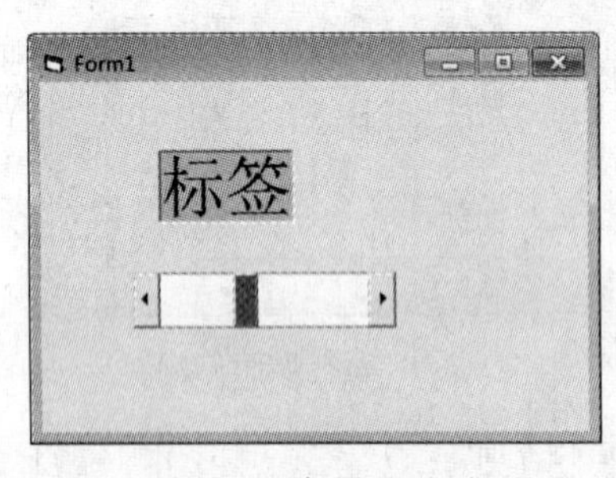

（b） 运行界面（1）

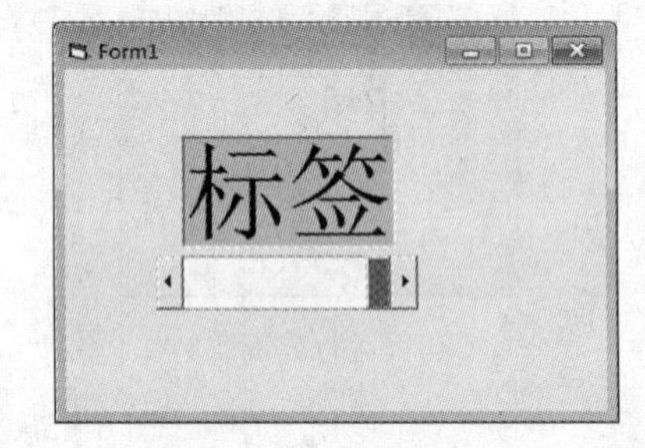

（c）运行界面（2）

图 6-16　程序设计及运行界面

【实验目的】

掌握滚动条的应用。

【实验详解】

窗体 Load()事件过程：

```
Private Sub Form_Load()
    Label1.AutoSize = True
    HScroll1.Max = 48
    HScroll1.Min = 18
    HScroll1.LargeChange = 4
    HScroll1.SmallChange = 1
End Sub
```

滚动条 Change()事件过程：

```
Private Sub HScroll1_Change()
   Label1.FontSize = HScroll1.Value
End Sub
```

实验 6-10 模拟交通路口信号灯。窗体上设有 3 个图像框、1 个垂直滚动条、2 个命令按钮和 1 个计时器。程序运行后的最初状态如图 6-17（a）所示，单击“开始”按钮后，分别显示绿灯、黄灯和红灯（见图 6-17（b）、图 6-17（c）、图 6-17（d））。要求三个灯循环显示，每次间隔时间取决于垂直滚动条上滚动块的位置，最快 1s，最慢 5s，单击“停止”按钮，则恢复运行最初状态。

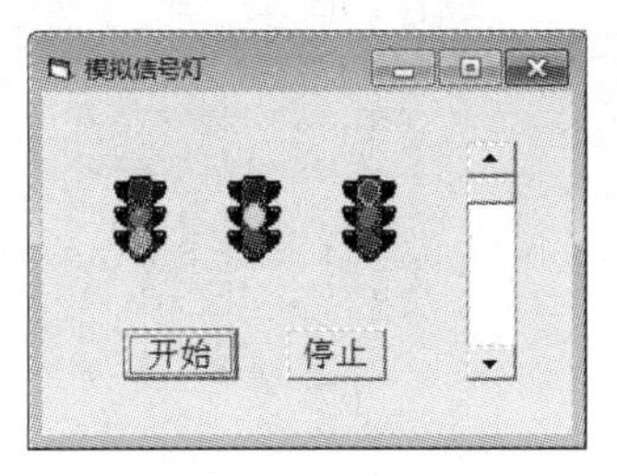

（a） 运行界面（1）

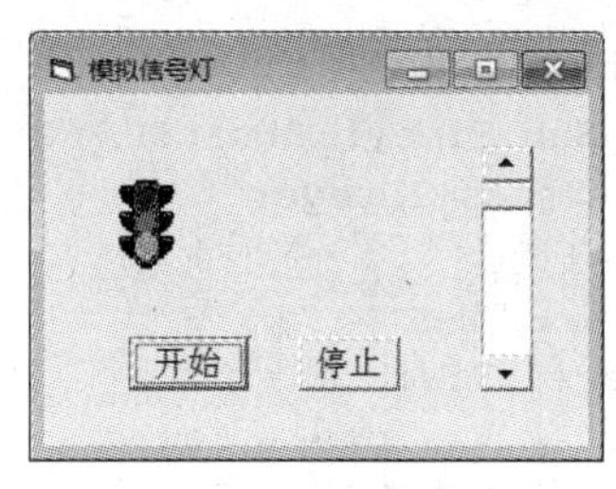

（b） 运行界面（2）

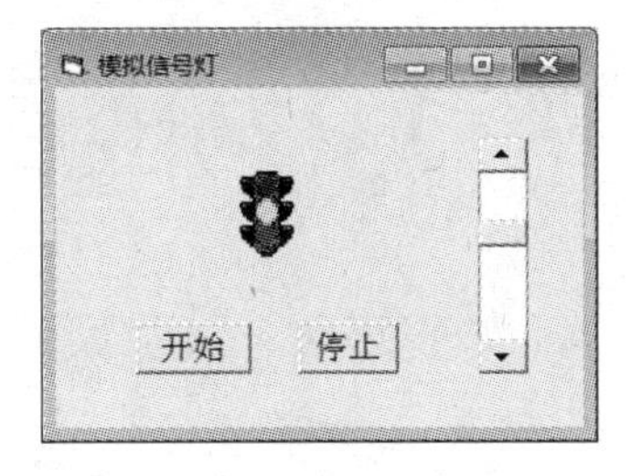

（c） 运行界面（3）

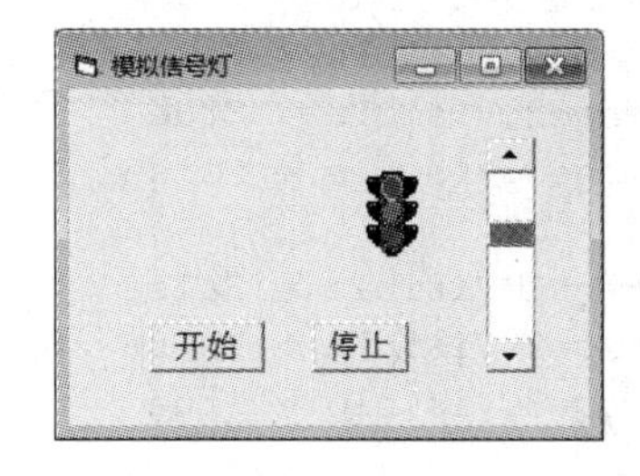

（d） 运行界面（4）

图 6-17　程序运行界面

【实验目的】

掌握滚动条的综合应用。

【实验详解】

窗体 Load()事件过程：

```
Private Sub Form_Load()
   Image1.Picture = LoadPicture(App.Path + "\Trffc10a.ico")
   Image2.Picture = LoadPicture(App.Path + "\Trffc10b.ico")
   Image3.Picture = LoadPicture(App.Path + "\Trffc10c.ico")
   VScroll1.Min = 1000
   VScroll1.Max = 5000
   VScroll1.LargeChange = 100
   VScroll1.SmallChange = 50
End Sub
```

“开始” 按钮 Click()事件过程：

```
Private Sub Command1_Click()
   Image1.Visible = False
   Image2.Visible = False
```

```
    Image3.Visible = True
    Timer1.Interval = VScroll1.Value
    Timer1.Enabled = True
End Sub
```

"停止"按钮 Click()事件过程：

```
Private Sub Command2_Click()
    Timer1.Enabled = False
    Image1.Visible = True
    Image2.Visible = True
    Image3.Visible = True
End Sub
```

计时器 Timer()事件过程：

```
Private Sub Timer1_Timer()
    Static s As Integer
    s = s + 1
    If s = 1 Then
        Image1.Visible = True
        Image2.Visible = False
        Image3.Visible = False
    ElseIf s = 2 Then
        Image1.Visible = False
        Image2.Visible = True
        Image3.Visible = False
    Else
        Image1.Visible = False
        Image2.Visible = False
        Image3.Visible = True
    End If
    If s = 3 Then s = 0
    Timer1.Interval = VScroll1.Value
End Sub
```

第 7 章 数　组

7.1 知 识 要 点

数组是一组具有有序下标的元素集合，可以用相同名字和确定的下标来引用数组元素。数组为用户处理同一类型的成批数据提供了方便。当有较多的同类型数据需要处理时，可以将其存放在一个数组中，由于这些数据都同名而且是有序的，所以可以很方便地对它们进行存取操作。数组中的每一个元素实际上可以看作是一个内存变量。

7.1.1 数组的定义

所有的数组在使用前必须先定义，后使用。数组名代表计算机中一组内存区域的名称，该区域的每个单元都有自己的地址，该地址用数组的下标表示。定义数组（也称声明数组）是为了确定数组的类型并给数组分配所需的存储空间。定义数组包括定义数组的名称、维数、大小和类型等内容。

1. 定义数组

定义数组通常可以用 Dim 和 ReDim 语句来完成，用 Dim 语句定义数组语句的格式为：

```
Dim  数组名(下标1[,下标2…]) [As 类型]
```

功能：定义了数组的名称、维数、大小和类型。

说明：

① 维数：几个下标为几维数组。Visual Basic 的数组一般不要超过 3 维。

② 下标：[下界 To] 上界。省略下界为 0，维的上界只能是数值常数或符号常量，不能是变量。如果不希望下界从 0 开始，而是从 1 开始，可以使用下面的语句定义。其格式为：

```
Option Base n
```

n 的取值只能是 0 或 1。Option Base 语句只能放在模块的通用部分，不能出现在过程中。

③ 每一维大小：上界－下界+1。

④ 数组大小：每一维大小的乘积。

⑤ As 数据类型：说明数组元素的类型，若省略，则数组默认为 Variant 类型。

2. 下标变量

建立数组后，要处理数组中的数据，就需要访问数组元素。通常把数组元素称为下标变量，下标变量的表示方法是：写上数组名，在其后的括号中写上数组元素在数组中的顺序位置号。以二维数组为例，其形式为：

数组名(<下标 1>, <下标 2>)

7.1.2 静态数组与动态数组

定义数组后，系统将为数组预留所需要的内存区域。根据预留内存区域的方式不同，数组可分为静态数组和动态数组。

通常把需要在编译时就分配内存区域的数组称为静态数组，把需要在运行时才分配内存区域的数组称为动态数组。动态数组在程序没有运行时不占用内存空间。

通过定义的方式，可以很容易地区分一个数组是静态数组还是动态数组。

定义方式中用数值常数或符号常量作为下标定维的数组就是静态数组。

定义时并未给出数组的大小，程序执行时再由 ReDim 语句确定维数和大小、分配存储空间的数组是动态数组。

动态数组的定义通常分为两步：

第一步，用 Dim 定义一个空数组，即没有下标的数组，但数组名后的括号不能省略。

第二步，在过程中用 ReDim 语句定义该数组的维数和大小。

格式为：

```
Dim <数组名>() [As<数据类型>]
ReDim [Preserve] <数组名> (<下标>)
```

说明：

① ReDim 语句只能出现在过程中，用来改变数组的维数和大小，但不能改变数组的类型。

② 用 ReDim 定义的数组是在执行到 ReDim 语句时才分配一定的内存空间，是一个“临时”数组，当过程结束时，数组所占的内存被释放。

③ 在一个程序中，可以多次使用 ReDim 语句对同一个数组重新定义。当重新定义动态数组时，数组中原有的内容将被清除。要想保留数组中的原有数据，可使用 Preserve 参数。

7.1.3 数组相关函数

（1）InputBox()函数

若输入数组的数据是有规律的，可以用 InputBox()函数或结合循环语句给数组赋初值。

（2）Array()函数

Array()函数用来为数组整体赋值，即把一组数据赋给某个数组。其格式为：

```
数组变量名=Array (数组元素值)
```

其中，“数组变量名”是预先定义的数组名，可以是动态数组或不带圆括号的数组变量，但其类型只能是 Variant。

（3）UBound()和 LBound()函数

用 UBound()和 LBound()函数可获得数组的上界和下界。格式为：

```
UBound(<数组名>[,N])
LBound(<数组名>[,N])
```

其中，N 为整型常量或变量，指定返回哪一维的上、下界，默认值为 1。

7.1.4 自定义类型

除了基本数据类型外，Visual Basic 还允许用户自己定义数据类型。用户自定义类型类似于C语言中的“结构体”类型，由若干个基本类型组成，可描述同一对象的不同属性，又称为“记录类型”。

可以用 Type 语句创建用户自定义类型，其格式为：

```
Type 数据类型名
    数据类型数据项名 As 类型名
    数据类型数据项名 As 类型名
    …
End Type
```

在使用用户自定义类型之前，先用 Type 语句创建数据类型，该语句应放在模块的声明部分。

7.1.5 控件数组

如果在应用程序中用到一些类型相同且功能相近的控件，则可以把它们视为特殊的数组——控件数组。

控件数组通常可用于命令按钮、标签、单选按钮组及复选框组等常用控件。其特点为：

① 控件数组是由一组相同类型的控件组成，它们共用一个相同的控件名称，即拥有相同的 Name 属性。

② 数组中的每个控件都有一个唯一的索引号，即下标。下标值由控件的 Index 属性指定。

③ 数组中的每个控件可以共享同样的事件过程。

④ 利用下标索引号可以判断事件是由哪个控件引发的。

7.1.6 列表框和组合框

列表框（ListBox）以列表的形式显示列表（数据）项目，用户可以根据需要在列表框中选择一个或多个列表项。

组合框（ComboBox）是由文本框和列表框合成的单个控件，兼有文本框和列表框的功能。用户既可以在其列表中选择一个列表项，也可以在文本框中输入新的列表项。

如果列表项目总数过多，超出了控件的显示高度，Visual Basic 会自动为其加上垂直滚动条。

1. Columns 属性

用于设定列表框中列表项排列的列数。当取值为 0 时，按单列显示；若取值为 1 或大于 1 的正整数时，表示能多列显示。

组合框无此属性。

2. List 属性

List 是一个字符串数组，用于设置列表框和组合框中所有列表项的内容，其大小取决于列表项的个数。数组的每一项都是一个列表项目，引用方式为：

```
对象名. List(i)
```

其中，对象名为列表框或组合框的名称，i 为列表项的索引号，取值范围是 0 至对象.ListCount –1。

3．Listcount 属性

用于记录列表框和组合框中列表项的总个数，即 List 数组中已赋值的数组元素个数。此属性由系统自动修正，不允许用户进行修改。

4．ListIndex 属性

用于设定列表框和组合框中当前选择的列表项的下标（索引值）。列表框中第一项的下标为 0，第二项的下标为 1，最后一项的下标为 ListCount -1。如果用户同时选定了多个列表项，其值为最后所选列表项的下标。

5．Style 属性

Style 属性用于设定列表框和组合框的外观样式。

列表框的 Style 属性有 2 个取值，当取值为 0-Standard 时为标准形式，当取值为 1-Checkbox 时为复选框形式。

组合框的 Style 属性有 3 个取值，用于确定组合框的类型和显示方式。

当取值为 0-Dropdown Combo（默认值）时，为下拉式组合框，用户可以在文本框中输入文本。

当取值为 1-Simple Combo 时，为简单组合框。此时，允许用户输入文本或者从列表框中进行选择。用户一旦选定列表框中的某一项，系统就会自动将选中的内容在文本框中显示。

当取值为 2-Dropdown List 时，为下拉式列表框，只允许用户从列表框中进行选择，不能在文本框进行输入。

6．MultiSelect 属性

用于设定列表框中列表项的选择方式。

取值为 0：不允许复选；

取值为 1：简单复选。可单击或用箭头键移动焦点，使用【Space】键实现多选或取消选中项。

取值为 2：扩展复选。可使用【Ctrl】和【Shift】键实现多选。

注意：MultiSelect 属性只能在属性窗口设置。

7．SelCount 属性

用于读取列表框中所选择的列表项的个数，通常与 Selected 属性一起使用。

8．Selected 属性

用于设定列表框中每个列表项的选择状态。它是一个逻辑型数组，其中的数族元素与列表中的列表项一一对应。当值为 True 时，表示与此对应的列表项已经被选中；若值为 False，则表示相对应的列表项没有被中。

9．Text 属性

用于返回列表框和下拉式组合框被选中的列表项的文本，以及返回下拉式列表框和简单组合框编辑区中的文本。该属性不能在属性窗口中设置。

10．Click 事件

当用户单击某一列表项时，将触发列表框和组合框的 Click 事件，同时，列表框和组合框的 ListIndex、Text 等属性也随之发生相应变化。

11．DblClick 事件

当用户双击某一列表项时，将触发列表框和简单组合框的 DblClick 事件。

12．Change 事件

当用户通过键盘输入改变下拉式组合框和简单组合框中文本框的文本，或者在代码中改变了 Text 属性的设置时，都会触发其 Change 事件。

13．AddItem()方法

用于在列表框中或组合框中加入新的项目。其语法为：

```
<对象名>.AddItem  item  [,index]
```

说明：

① item 是字符串表达式，用于指定添加到对象中的项目。

② index 是一个整数，用于指定新项目欲插入的位置。若省略此参数，则表示添加到对象的尾部。

14．RemoveItem()方法

用于在列表框或组合框中删除一个项目。其语法为：

```
<对象名>.RemoveItem  index
```

说明：

index 为要删除项目的序号，其值为 0 至 ListCount-1。

15．Clear()方法

用于清除列表框和组合框中的全部内容，其语法为：

```
<对象名>.Clear
```

7.2　实 验 设 计

实验 7-1 窗体上有 2 个标签，名称分别为 Label1、Label2，标题分别为“随机数”“结果”；有 2 个文本框，名称分别为 Text1、Text2；有 3 个命令按钮，名称分别为 Command 1、Command d2、Command 3，标题分别为“产生随机数”“取 5 倍数”“结束”。运行程序，单击 Command 1，在 Text1 中产生 30 个二位正整数；单击 Command2，将 Text1 中 5 的倍数显示在 Txt2 中，单击 Command3 退出程序。程序设计及运行界面如图 7-1 所示。

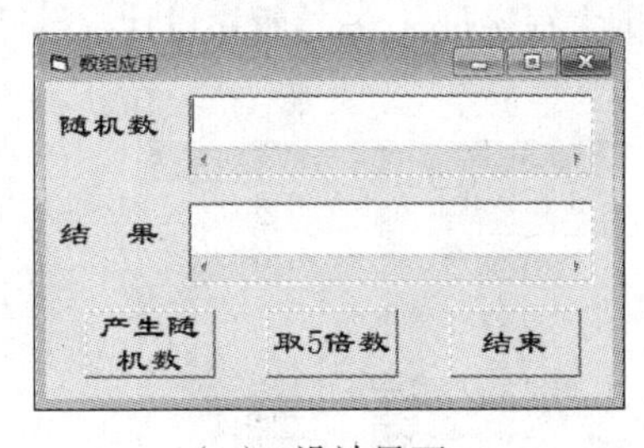

（a） 设计界面

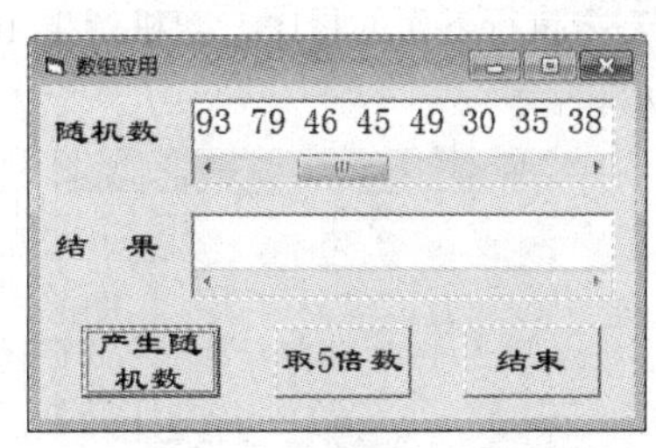

（b） 运行界面（1）

图 7-1　程序设计及运行界面

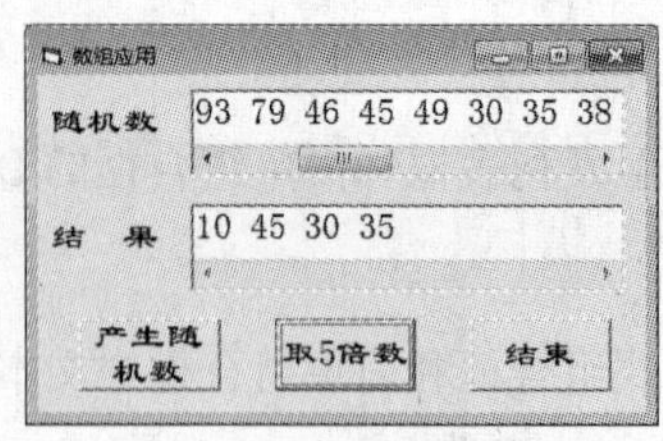

（c） 运行界面（2）

图 7-1　程序设计及运行界面（续）

【实验目的】

掌握数组和模块变量的应用。

【实验详解】

在窗体的通用声明段定义数组 a。

```
Dim a(1 To 30) As Integer
```

“产生随机数”按钮 Click()事件过程：

```
Private Sub Command1_Click()
    Dim i As Integer, s As String
    Randomize
    For i = 1 To 30
        a(i) = Int(10 + 90 * Rnd)
        s = s & a(i) & Space(1)
    Next i
    Text1.Text = s
End Sub
```

“取 5 倍数”按钮 Click()事件过程：

```
Private Sub Command2_Click()
    Dim i As Integer, s As String
    For i = 1 To 30
        If a(i) Mod 5 = 0 Then
            s = s & a(i) & Space(1)
        End If
    Next i
    Text2.Text = s
End Sub
```

“结束”按钮 Click()事件过程：

```
Private Sub Command3_Click()
    End
End Sub
```

实验 7-2 执行下面的程序，随机产生 10 个不重复的大写字母 A~Z。程序设计及运行界面如图 7-2 所示。

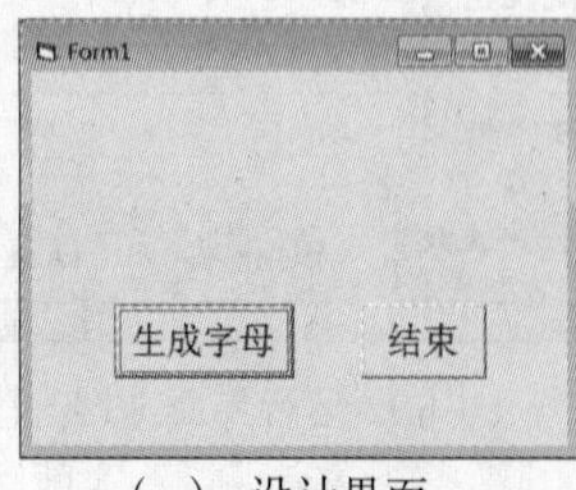

（a） 设计界面

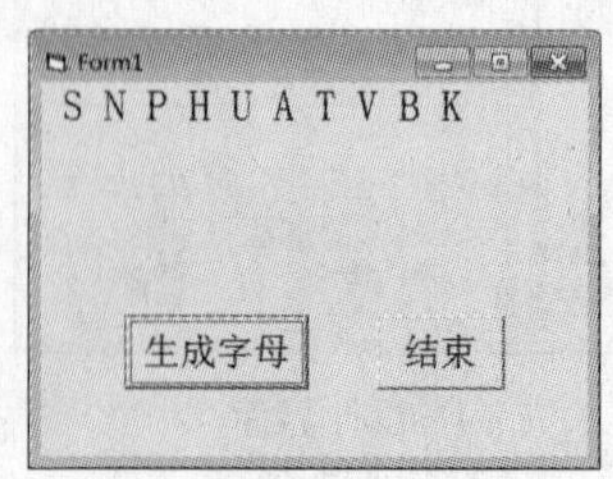

（b） 运行界面

图 7-2　程序设计及运行界面

【实验目的】

掌握数组、Do 循环和循环嵌套的使用方法。

【实验详解】

```
Option Explicit
```

“生成字母”按钮 Click()事件过程：

```
Private Sub Command1_Click()
   Dim s(1 To 10) As String * 1, c As String * 1
   Dim Found As Boolean, n As Integer, i As Integer
   s(1) = Chr(Int(Rnd * 26 + 65))
   n = 2
   Do While n <= 10
      c = Chr(Int(Rnd * 26 + 65))
      Found = False
      For i = 1 To n - 1
         If s(i) = c Then Found = True
      Next i
      If Not Found Then
         s(n) = c
         n = n + 1
     End If
   Loop
   For i = 1 To 10
      Print " " + s(i);
   Next i
   Print
End Sub
```

“结束”按钮 Click()事件过程：

```
Private Sub Command2_Click()
   End
End Sub
```

实验 7-3 编写一个程序，通过 Rnd 函数随机产生 10 个二位正整数在窗体上输出，同时将其最大值、最小值及平均值也显示在窗体上。程序运行界面如图 7-3 所示。

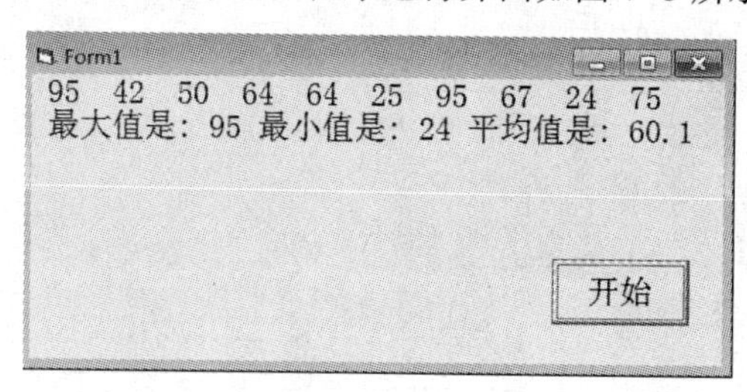

图 7-3　程序运行界面

【实验目的】

掌握数组、Rnd 函数的使用方法。

【实验详解】

```
Option Base 1
```

“开始”按钮 Click()事件过程：

```
Private Sub Command1_Click()
    '方法一
Dim a(10) As Integer, Max As Integer
   Dim Min As Integer
   Cls
   Randomize
   s = 0
   For i = 1 To 10
      a(i) = 10 + Int(Rnd * 90)
      Print a(i);
      s = s + a(i)
   Next
   Print
   Max = a(1): Min = a(1)
   For i = 2 To 10
      If a(i) > Max Then Max = a(i)
      If a(i) < Min Then Min = a(i)
   Next
   Print " 最大值是:" + Str(Max); " 最小值是:" + Str(Min);
   Print " 平均值是:" + Str(s / 10)
End Sub
```

窗体 Click()事件过程:

```
Private Sub Form_Click()
   '方法二
   Dim a(10) As Integer, Max As Integer
   Dim Min As Integer
   Cls
   Max = 10: Min = 100
   Randomize
   s = 0
   For i = 1 To 10
      a(i) = 10 + Int(Rnd * 90)
      Print a(i);
      s = s + a(i)
   If a(i) > Max Then
      Max = a(i)
   ElseIf a(i) < Min Then
      Min = a(i)
   End If
   Next
   Print
   Print " 最大值是:" + Str(Max); " 最小值是:" + Str(Min);
   Print " 平均值是:" + Str(s / 10)
End Sub
```

实验 7-4 编写一个程序用来建立一个数组，并通过 Rnd 函数产生 30 个取值范围在 10～200 之间的随机整数，然后在窗体上显示所有 5 的倍数。程序运行界面如图 7-4 所示。

【实验目的】

掌握数组、Rnd 函数的使用方法。

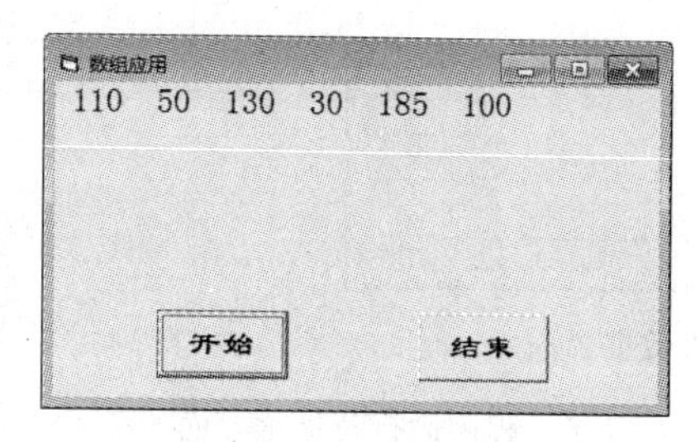

图 7-4　程序运行界面

【实验详解】

```
Option Explicit
```

"开始"按钮 Click()事件过程：

```
Private Sub Command1_Click()
  Dim a(1 To 30) As Integer
  Dim i As Integer, s As String
  Randomize
  For i = 1 To 30
     a(i) = 10 + Int(191 * Rnd)
     If a(i) Mod 5 = 0 Then
       Print a(i);
     End If
  Next i
End Sub
```

"结束"按钮 Click()事件过程：

```
Private Sub Command2_Click()
   End
End Sub
```

实验 7-5 编写一个用来统计某班级计算机成绩的程序，要求：

① 使用一个数组存放成绩，班级人数为 35 人。

② 使用 InputBox 函数，从键盘输入每一位同学的分数。当输入的分数小于 0 或大于 100 时，拒绝接收。

③ 在输入分数的同时，统计出优秀（≥90）、良好（≥80 且<90）、中等（≥70 且<80）、及格（≥60 且<70）和不及格（<60）的人数。

④ 在窗体上输出优秀、良好、中等、及格和不及格的人数以及全班的平均成绩。

程序运行及提示界面如图 7-5 所示。

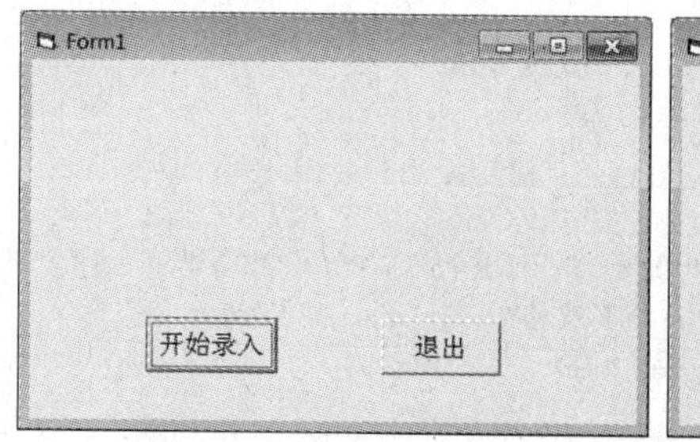

（a） 运行界面

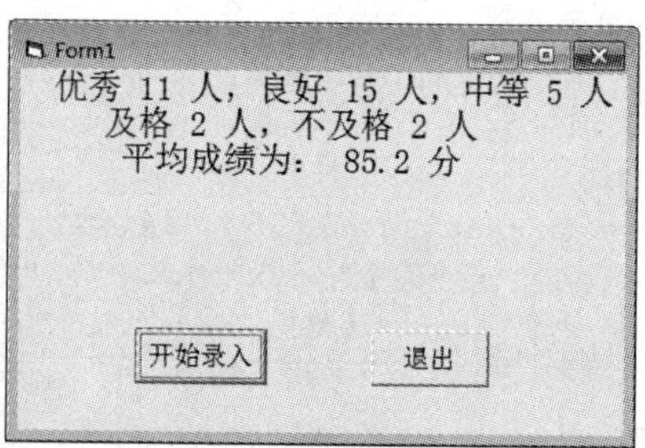

（b）运行界面

图 7-5　程序运行及提示界面

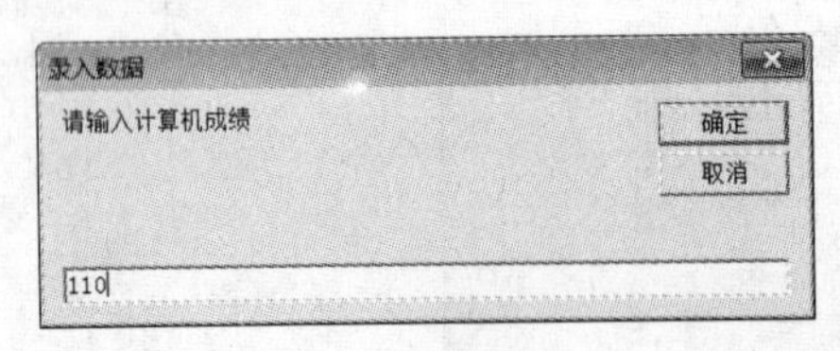

（c） 非法数据界面

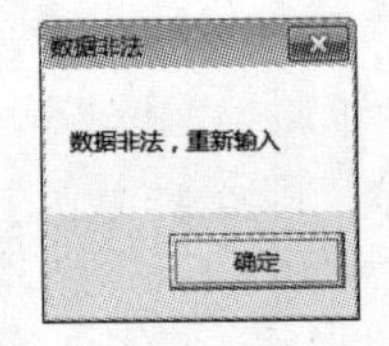

（d） 错误提示界面

图 7-5　程序运行及提示界面（续）

【实验目的】

掌握数组、Format 函数的使用方法。

【实验详解】

```
Option Explicit
```

“开始录入”按钮 Click()事件过程：

```
Private Sub Command1_Click()
    Dim cj(1 To 35) As Single, yx As Integer
    Dim yl As Integer, zd As Integer
    Dim jg As Integer, bjg As Integer
    Dim s As Single, i As Integer, sum As Single
    i = 1
    Do While i <= 35
        s = Val(InputBox("请输入计算机成绩", "录入数据"))
        If s >= 0 And s <= 100 Then
            cj(i) = s
            sum = sum + s
            i = i + 1
            Select Case s
                Case Is >= 90
                    yx = yx + 1
                Case Is >= 80
                    yl = yl + 1
                Case Is >= 70
                    zd = zd + 1
                Case Is >= 60
                    jg = jg + 1
                Case Else
                    bjg = bjg + 1
            End Select
        Else
            MsgBox "数据非法，重新输入", , "数据非法"
        End If
    Loop
    sum = Format(sum / 35, "##.#")
    Print "  "; "优秀"; yx; "人，"; "良好"; yl; "人，"; "中等"; zd; "人"
    Print "     "; "及格"; jg; "人，"; "不及格"; bjg; ; "人"
    Print "     "; "平均成绩为："; sum; "分"
End Sub
```

“退出”按钮 Click()事件过程：

```
Private Sub Command2_Click()
```

```
    End
End Sub
```

实验 7-6 在窗体上设有 2 个列表框，“学生编号 A”列表框中已存入学生编号，“学生编号 B”列表框为空。程序运行后，如果单击“正序复制”按钮，则将“学生编号 A”中的数据，按原顺序存入“学生编号 B”中，“学生编号 A”列表框的内容保持不变；如果单击“反序复制”按钮，“学生编号 A”中的数据，按逆顺序存入“学生编号 B”中，“学生编号 A”列表框的内容保持不变；如果单击“重置”按钮，则将“学生编号 B”列表框清空，程序运行界面如图 7-6 所示。

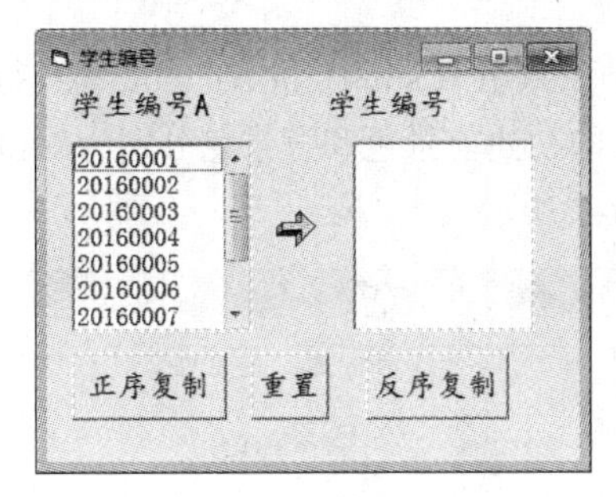

（a） 运行界面（1）

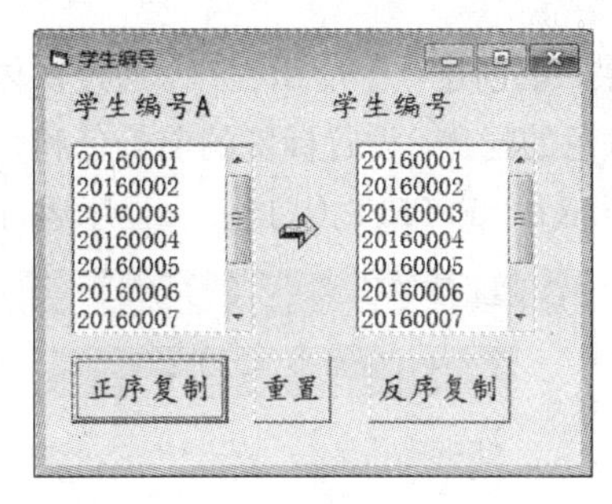

（b） 运行界面（2）

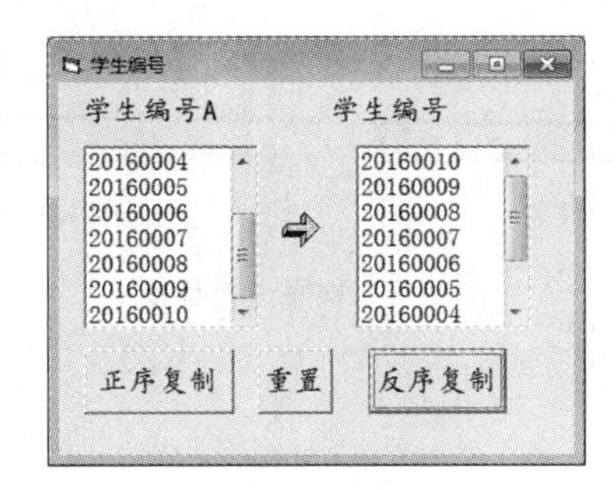

（c） 运行界面（3）

图 7-6 程序运行界面

【实验目的】

掌握列表框的使用方法。

【实验详解】

```
Option Explicit
Dim n As Integer, i As Integer
```

“正序复制”按钮 Click()事件过程：

```
Private Sub Command1_Click()
    List2.Clear
    n = List1.ListCount
    For i = 0 To n - 1
        List2.AddItem List1.List(i)
    Next i
End Sub
```

“反序复制”按钮 Click()事件过程：

```
Private Sub Command2_Click()
    List2.Clear
```

```
    n = List1.ListCount
    For i = n - 1 To 0 Step -1
        List2.AddItem List1.List(i)
    Next i
End Sub
```

“重置”按钮 Click()事件过程：

```
Private Sub Command3_Click()
    List2.Clear
End Sub
```

实验 7-7 创建一个应用程序，通过窗体上 2 个滚动条数组 HScroll1 和 Hscroll2 来进行红、绿、蓝 3 种颜色的配比，设置标签的前景色和背景色，标签的初始前景色和背景色分别为&H00000000（黑色）和&H00FFFFFF（白色）。程序运行界面如图 7-7 所示。

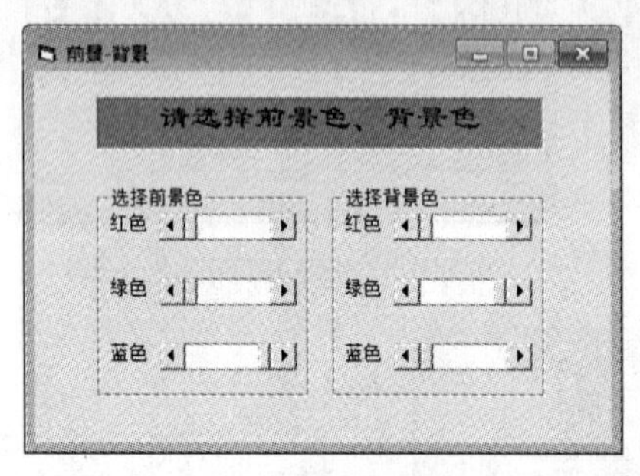

（a） 运行界面（1）

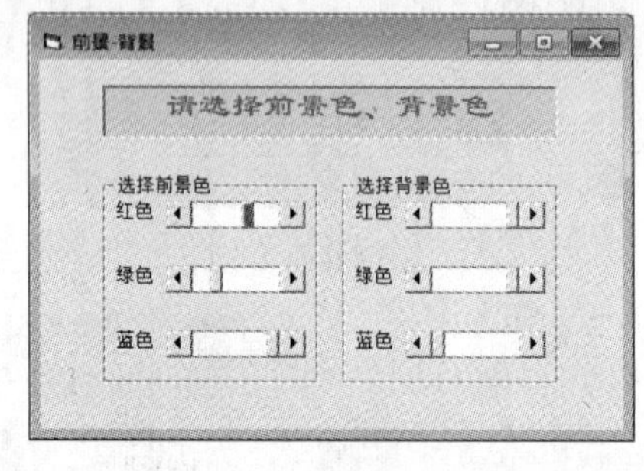

（b）运行界面（2）

图 7-7 程序运行界面

【实验目的】

掌握控件数组的使用方法。

【实验详解】

窗体 Load()事件过程：

```
Private Sub Form_Load()
    Label4.ForeColor = &H0
    Label4.BackColor = &HFFFFFF
End Sub
```

HScroll1 数组 Change()事件过程：

```
Private Sub HScroll1_Change(Index As Integer)
    Label4.ForeColor = RGB(HScroll1(0), HScroll1(1), HScroll1(2))
End Sub
```

Hscroll2 数组 Change()事件过程：

```
Private Sub HScroll2_Change(Index As Integer)
    Label4.BackColor = RGB(HScroll2(0), HScroll2(1), HScroll2(2))
End Sub
```

第 8 章 用户界面设计

8.1 知识要点

本章将系统地介绍 Visual Basic 用户界面设计中的要素：键盘、鼠标、对话框和菜单的编程方法。

首先，详细介绍了键盘和鼠标事件、鼠标属性及鼠标的拖放操作。键盘事件和鼠标事件是 Windows 编程中最重要的两种外部事件。Visual Basic 提供三种键盘事件：KeyPress、KeyDown、KeyUp，窗体和接受键盘输入的控件都能识别这三种事件。Visual Basic 主要的鼠标事件，除了 Click 和 DblClick 事件，还包括 MouseMove、MouseDown 和 MouseUp 事件。

其次，本章讲解了通用对话框和自定义对话框的分类方法，介绍了通用对话框常用的属性和方法，以及通用对话框控件可以创建的六种标准对话框。

最后，菜单分为下拉式菜单和弹出式菜单，本章详述了通过“菜单编辑器”创建两种菜单的步骤和编程方法。

8.1.1 键盘

键盘事件包括：KeyPress 事件、KeyDown 事件和 KeyUp 事件。

1. KeyPress 事件

用户按下与 ASCII 字符对应的键时，将触发 KeyPress 事件。其格式为：

```
[Private] [Public] Sub 对象名_KeyPress(KeyAscii As Integer)
    <语句序列>
End Sub
```

2. KeyDown 事件和 KeyUp 事件

当焦点置于某对象上，如果用户按下键盘中的任意一个键时，便会触发相应对象的 KeyDown 事件，其格式为：

```
[Private] [Public] Sub 对象名_KeyDown(KeyCode As Integer, Shift As Integer)
    <语句序列>
End Sub
```

用户释放按键时便会触发 KeyUp 事件，其格式为：

```
[Private] [Public] Sub 对象名_KeyUp(KeyCode As Integer, Shift As Integer)
```

```
    <语句序列>
End Sub
```

8.1.2 鼠标

1. 鼠标属性

鼠标的两个属性 MousePointer 和 MouseIcon 能够决定鼠标的外形特征。

2. 鼠标事件

鼠标事件包括：MouseMove 事件、MouseDown 事件和 MouseUp 事件。

当用户移动鼠标时，就会触发 MouseMove 事件，其格式为：

```
[Private][Public] Sub 对象名_MouseMove(Button As Integer, Shift As Integer, X As Single, Y As Single)
    <语句序列>
End Sub
```

当用户按下鼠标按键，会触发 MouseDown 事件，其格式为：

```
[Private][Public] Sub 对象名_ MouseDown(Button As Integer, Shift As Integer, X As Single, Y As Single)
    <语句序列>
End Sub
```

当用户释放鼠标按键，触发 MouseUp 事件，其格式为：

```
[Private][Public] Sub 对象名_ MouseUp(Button As Integer, Shift As Integer, X As Single, Y As Single)
    <语句序列>
End Sub
```

3. 鼠标的拖放操作

在设计 Visual Basic 应用程序时，可能经常要在窗体上拖放控件，这就必须使用鼠标的拖放功能。

（1）拖放操作的属性

与拖放操作相关的属性有 DragMode 属性和 DragIcon 属性。

（2）拖放操作的事件

与拖放操作相关的事件是 DragDrop 和 DragOver 事件。

DragDrop 事件的格式为：

```
[Private][Public] Sub 对象名_DragDrop([Index As Integer,] Source As Control, X As Single, Y As Single)
    <语句序列>
End Sub
```

DragOver 事件的格式为：

```
[Private][Public] Sub 对象名_DragOver([Index As Integer,] Source As Control, X As Single, Y As Single, State As Integer)
    <语句序列>
End Sub
```

（3）拖放操作的方法

拖动对象，就要使用 Drag 方法。其格式为：

```
对象名.Drag  Action
```

8.1.3　对话框的设计

Visual Basic 中的对话框，除了预定义对话框，还有两种常用的对话框：通用对话框和自定义对话框。

（1）通用对话框

通用对话框（CommonDialog）控件可以创建 6 种标准对话框："打开"（Open）对话框、"另存为"（Save As）对话框、"颜色"（Color）对话框、"字体"（Font）对话框、"打印"（Printer）对话框和"帮助"（Help）对话框。

通用对话框基本属性有：Name 属性、Action 属性、DialogTitle 属性、CancelError 属性。

通用对话框的常用方法包括：ShowOpen 方法、ShowSave 方法、ShowColor 方法、ShowFont 方法、ShowPrinter 方法、ShowHelp 方法。

（2）自定义对话框

自定义对话框分为两类：模式对话框和无模式对话框。

8.1.4　菜单设计

菜单可分为两种基本类型，即下拉式菜单和弹出式菜单。

（1）下拉式菜单

选择"工具"菜单中的"菜单编辑器"命令，弹出"菜单编辑器"对话框，建立下拉式菜单。菜单编辑器分为三个部分，即菜单控件的属性区、编辑区和列表框区。

（2）弹出式菜单

建立弹出式菜单的步骤通常如下：首先用菜单编辑器建立菜单，然后检测鼠标事件，在对象的 MouseDown 事件中编写代码，再使用 PopupMenu 方法显示弹出式菜单。

8.2　实 验 设 计

实验 8-1 建立一个窗体，通过编程实现：检测用户按下了什么键，并在窗体上显示检测结果，如图 8-1 所示。

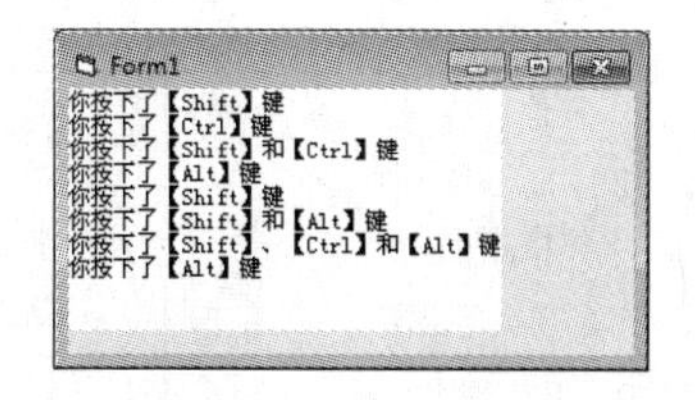

图 8-1　程序运行界面

【实验目的】

掌握 KeyDown 事件的用法及参数 KeyCode 和 Shift 的用法。

【实验详解】

添加 KeyDown 事件代码如下：

```
Private Sub Form_KeyDown(KeyCode As Integer, Shift As Integer)
    Select Case Shift
         Case 1: Print "你按下了【Shift】键"
         Case 2: Print "你按下了【Ctrl】键"
         Case 3: Print "你按下了【Shift】和【Ctrl】键"
         Case 4: Print "你按下了【Alt】键"
         Case 5: Print "你按下了【Shift】和【Alt】键"
         Case 6: Print "你按下了【Ctrl】和【Alt】键"
         Case 7: Print "你按下了【Shift】、【Ctrl】和【Alt】键"
```

```
    End Select
End Sub
```

实验 8-2 建立一个窗体，在窗体上画图，按下鼠标左键画蓝色线，按下鼠标右键画直径为 100 的红色边缘和绿色填充的实心圆，按下鼠标中间键，清空窗体内容，如图 8-2 所示。

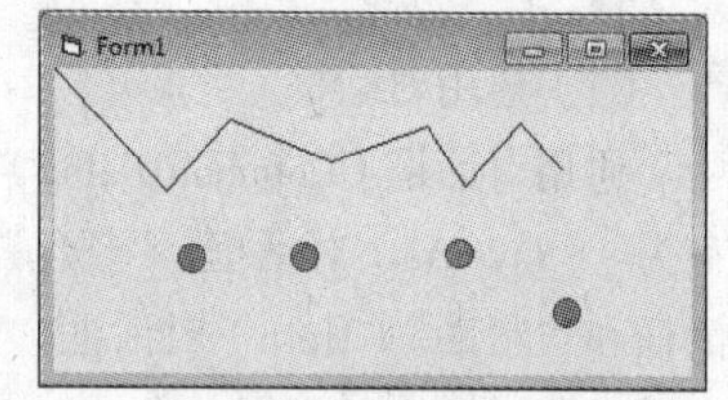

图 8-2 程序运行界面

【实验目的】

掌握 MouseDown 事件的用法及参数 Button 和 Shift 等的用法。

【实验详解】

添加 MouseDown 事件代码如下：

```
Private Sub Form_MouseDown(Button As Integer, Shift As Integer, X As Single, 
Y As Single)
     Select Case Button
         Case 1
             Line -(X, Y), RGB(0, 0, 255)          '画蓝色线
         Case 2
             FillStyle = 0                         '设置填充方式为填充
             FillColor = RGB(0, 255, 0)            '填充色为绿色
             Circle (X, Y), 100, RGB(255, 0, 0)    '画红色边缘的实心圆
         Case 4
             Cls
     End Select
End Sub
```

说明：

Line -(X, Y)的功能是从起点到当前位置画一条直线，默认起点为窗体的左上角。在 Form_MouseDown 事件过程中使用 Line 方法可以绘制一条相互连接的直线。

实验 8-3 建立一个下拉式菜单，用来改变文本框中字体的属性。菜单项的内容如表 8-1 所示。

表 8-1 菜单内容

菜单选项（标题）	菜单选项（名称）	子菜单选项（标题）	子菜单选项（名称）
字体格式化	mnuFormat	粗体	mnuBold
		斜体	mnuItalic
		下画线	mnuUnderLine
		退出	mnuExit

【实验目的】

掌握下拉式菜单的建立方法。

【实验详解】

① 根据表 8-1，利用"菜单编辑器"建立下拉式菜单。运行界面如图 8-3 所示。

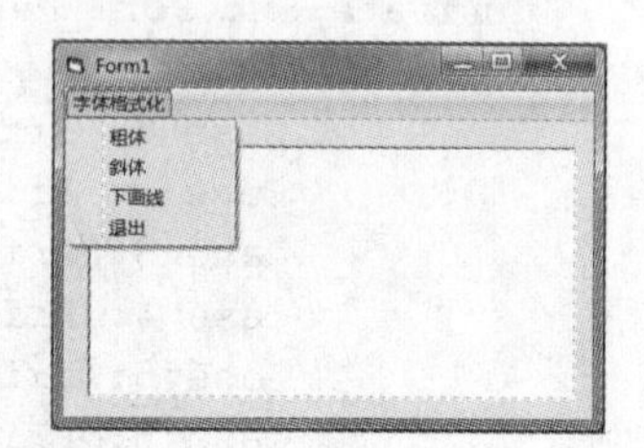

图 8-3 程序运行界面

② 添加菜单代码如下：

```
Private Sub mnuBold_Click()
   Text1.FontBold = True
End Sub
```

```
Private Sub mnuItalic_Click()
   Text1.FontItalic = True
End Sub
Private Sub mnuUnderLine_Click()
   Text1.FontUnderline = True
End Sub
Private Sub mnuExit_Click()
   End
End Sub
```

实验 8-4 将实验 8-3 建立的下拉式菜单改为弹出式菜单。

【实验目的】

掌握弹出式菜单的建立方法。

【实验详解】

① 根据表 8-1，利用“菜单编辑器”建立菜单，并将主菜单项的“可见”属性设置为 False。运行界面如图 8-4 所示。

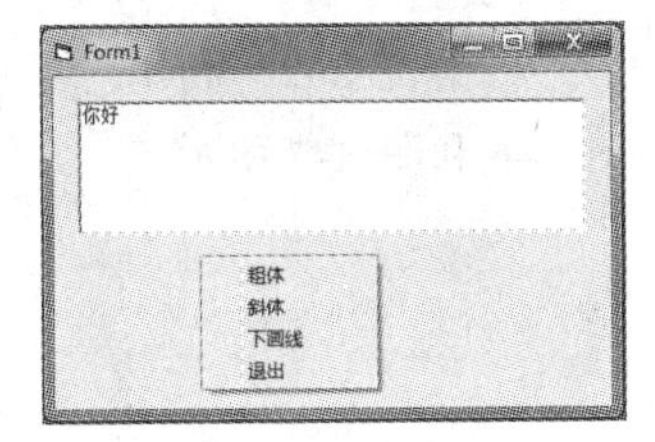

图 8-4 程序运行界面

② 添加菜单代码如下：

```
Private Sub Form_MouseDown(Button As Integer, Shift As Integer, X As Single,
Y As Single)
   If Button = 2 Then
      PopupMenu mnuFormat
   End If
End Sub
Private Sub mnuBold_Click()
   Text1.FontBold = True
End Sub
Private Sub mnuItalic_Click()
   Text1.FontItalic = True
End Sub
Private Sub mnuUnderLine_Click()
   Text1.FontUnderline = True
End Sub
Private Sub mnuExit_Click()
   End
End Sub
```

实验 8-5 在窗体上创建一个下拉式菜单，菜单内容如表 8-2 所示。

表 8-2 菜单内容

菜单选项（标题）	菜单选项（名称）	子菜单选项（标题）	子菜单选项（名称）
文件（&F）	MnuFile	新建	MnuFileNew
		保存	MnuFileSave
		退出	MnuFileExit
编辑（&E）	MnuEdit	剪切	MnuEditCut
		复制	MnuEditCopy
		-	MnuEditSep

续表

菜单选项（标题）	菜单选项（名称）	子菜单选项（标题）	子菜单选项（名称）
编辑（&E）	MnuEdit	查找	MnuEditFind
帮助（&H）	MnuHelp		

【实验目的】

掌握下拉式菜单的建立方法。

【实验详解】

根据表 8-2，利用“菜单编辑器”建立下拉式菜单，编辑界面如图 8-5 所示，运行效果如图 8-6 和图 8-7 所示。

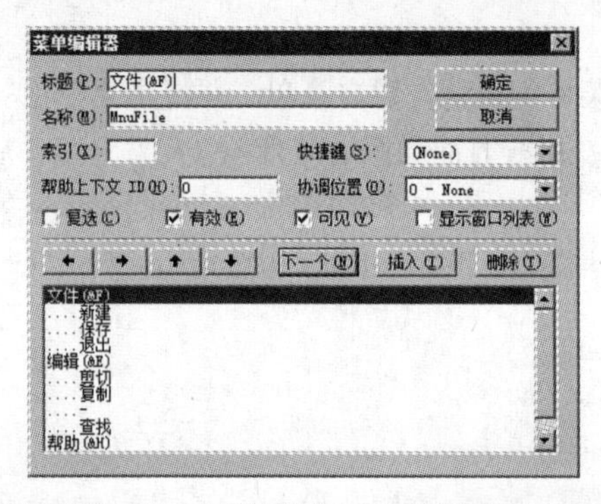

图 8-5 “菜单编辑器”编辑界面

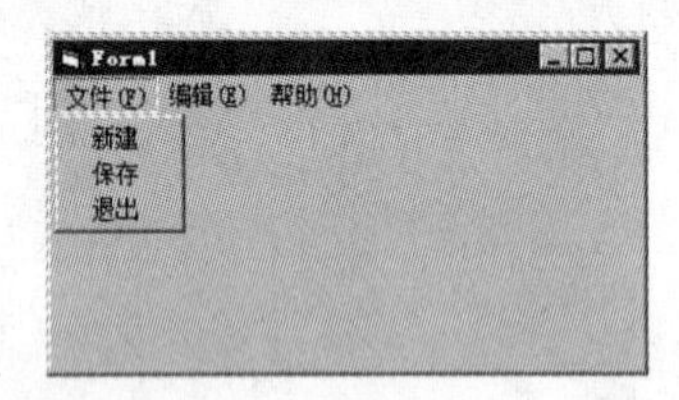

图 8-6 “文件”菜单运行效果

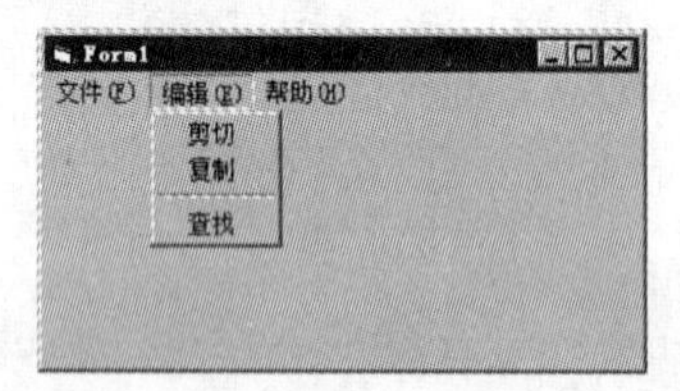

图 8-7 “编辑”菜单运行效果

第 9 章 图形设计

9.1 知识要点

9.1.1 坐标系统

Visual Basic 中的容器对象都有一套二维的坐标系统，它像数学中的坐标系一样，具有坐标原点、X 坐标轴和 Y 坐标轴。Visual Basic 坐标系统的默认原点(0,0)，如图 9-1 所示。

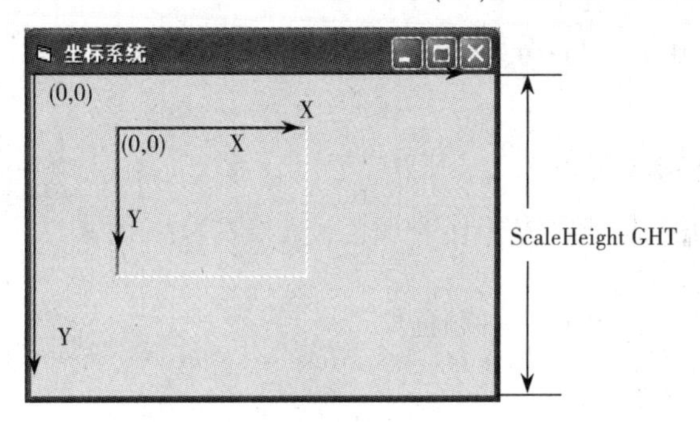

图 9-1 坐标系统

1. Scale 坐标属性

在 Visual Basic 中，坐标轴的方向、起点和坐标系统的刻度都是可以改变的，用户可以按照需要为容器对象建立自己的一套坐标系统。

使用 Visual Basic 提供的 Scale 属性，用户可以方便地改变坐标系的原点位置、坐标轴的方向，以及坐标最大值，见表 9-1。

表 9-1 Scale 坐标属性功能

属 性	功 能
ScaleLeft	确定对象左边的水平坐标
ScaleTop	确定对象顶端的垂直坐标
ScaleWidth	确定对象内部水平方向的宽度
ScaleHeight	确定对象内部垂直方向的高度

容器对象的 ScaleLeft 和 ScaleTop 默认值均为 0，即坐标原点在对象的左上角。

2. CurrentX、CurrentY 属性

CurrentX、CurrentY 属性可用来返回或设置容器对象当前的水平或垂直坐标。

3. Scale()方法

除了 ScaleLeft、ScaleTop、ScaleWidth、ScaleHeight 属性之外，用户还可以通过 Scale()方法改变容器对象的坐标系统。其格式为：

```
对象名.Scale (x1,y1)-(x2,y2)
```

说明：表示将对象左上角的坐标定义为(x1,y1)，右下角坐标定义为(x2,y2)。x1、y1 的值决定 ScaleLeft 和 ScaleTop 属性的值，而(x1,y1)与(x2,y2)两点 x 坐标的差值和 y 坐标的差值，则分别决定了 ScaleWidth 和 ScaleHeight 属性的值。

9.1.2 图形颜色函数

在 Visual Basic 中，用户可以使用 RGB()函数、QBColor()函数，以及直接使用颜色值等方法设置所需要的图形颜色。

1. RGB()函数

RGB()函数可返回一个颜色值，其格式为：

```
RGB (red,green,blue)
```

说明：red、green、blue 分别表示颜色的红色成分、绿色成分、蓝色成分，取值范围均是 0～255。

2. QBColor()函数

使用 QBColor()函数能够选择 16 种颜色，其格式为：

```
QBColor(颜色值)
```

颜色值 0～15 分别表示 16 种颜色。

3. 使用颜色值

在 Visual Basic 中，用户可以直接使用十六进制数来指定颜色，其格式为：

```
&HBBGGRR
```

说明：BB 指定蓝色值，GG 指定绿色值，RR 指定红色值，取值范围 00～FF。

9.1.3 图形方法

1. Line 方法

Line 方法用于画直线或矩形，其格式为：

```
[对象名.]Line[[Step] (x1,y1)] - (x2,y2) [,颜色][,B[F]]
```

2. Circle 方法

Circle 方法用于在对象上画圆、椭圆、圆弧和扇形，其格式为：

```
[对象名.]Circle[[Step] (x,y) r [,[颜色][,[起始角][,[终止角][,长短轴比例]]]
```

9.1.4 形状和直线控件

形状控件（Shape）可以直接绘制多种形状，如矩形、正方形、椭圆和圆等。用户可以通过对

形状控件的 Shape、BorderColor 等属性进行设置，控制其颜色、填充样式、边框颜色和边框样式等。在工具箱中，其图标为 。

直线控件（Line）常可以用来在窗体、框架或图片框中绘制多种类型和宽度的线段。在工具箱中，其图标为 。

9.2　实验设计

实验 9-1 设计一程序，要求运行后，单击其中的按钮数组，相应的红色图形就会在图片框中显示。程序设计及运行界面如图 9-2 所示。

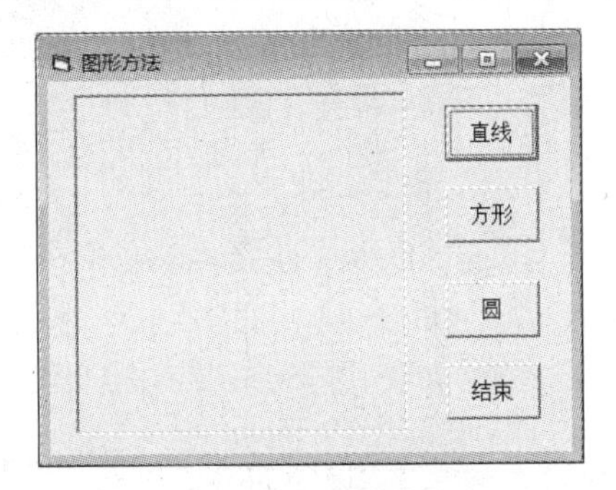

（a） 设计界面

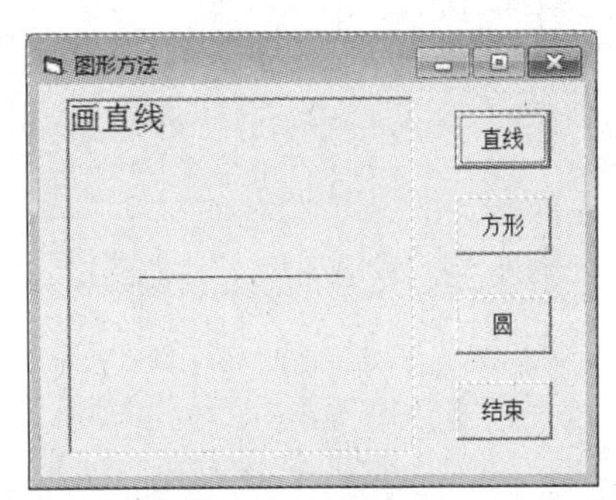

（b） 运行界面（1）

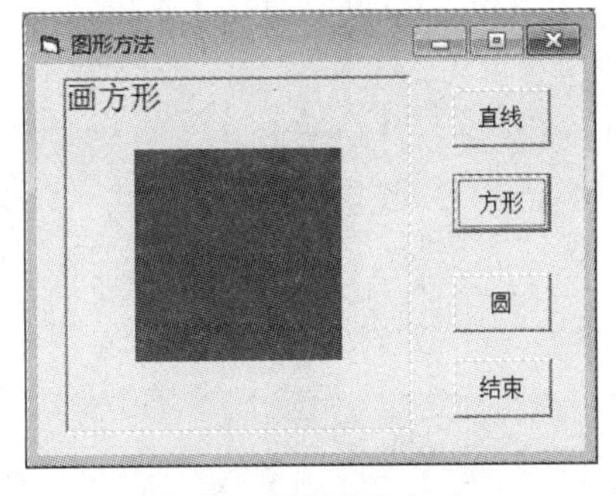

（c） 运行界面（2）

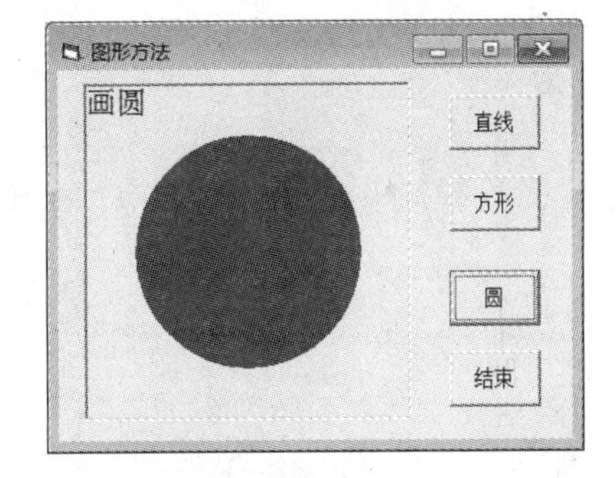

（d） 运行界面（3）

图 9-2　程序设计及运行界面

【实验目的】

掌握控件数组和图形方法的应用。

【实验详解】

窗体 Load ()事件过程：

```
Private Sub Form_Load()
   Picture1.Scale (0, 0)-(10, 10)    '设置坐标系
End Sub
```

命令按钮数组 Click()事件过程：

```
Private Sub Command1_Click(Index As Integer)
   Picture1.Cls
   Picture1.FontSize = 14
   Picture1.FillColor = vbRed
```

```
    Select Case Index
    Case 0
        Picture1.Print "画直线"
        Picture1.Line (2, 5)-(8, 5), RGB(255, 0, 0)
    Case 1
        Picture1.Print "画方形"
        Picture1.Line (2, 2)-(8, 8), RGB(255, 0, 0), BF
    Case 2
        Picture1.Print "画圆"
        Picture1.Circle (5, 5), 3.5, RGB(255, 0, 0), , , 1
    Case Else
        End
    End Select
End Sub
```

第10章 文件

10.1 知识要点

计算机文件是具有独立名称的一组相关联数据的有序序列。文件操作包括复制、移动、删除、重命名等，其中读取和写入文件是最主要的操作，Visual Basic 为文件操作提供了多种方法和控件。

根据计算机文件的性质，可分为程序文件和数据文件；根据计算机文件存储的格式，可分为文本文件和二进制文件；根据计算机文件存取的方式，可分为顺序文件和随机文件。Visual Basic 对顺序文件、随机文件和二进制文件进行读/写操作的方法稍有不同，通过文件处理函数、语句和文件管理控件，Visual Basic 可对文件系统进行管理。

10.1.1 文件操作

1. 顺序文件操作

（1）打开顺序文件

在 Visual Basic 中打开顺序文件使用的是 Open 语句，其格式为：

```
Open pathname For [Input | Output | Append] As #filenumber [Len = buffersize]
```

（2）关闭顺序文件

在 Visual Basic 中关闭顺序文件使用的是 Close 语句，其格式为：

```
Close [[#]filenumber1][,[#]filenumber2]…
```

（3）读顺序文件

在 Visual Basic 中可以使用 Line Input #语句、Input #语句或 Input( )函数从打开的顺序文件中读取数据。

Line Input #语句格式为：

```
Line Input #filenumber,var
```

Input #语句格式为：

```
Input #filenumber, varlist
```

Input()函数格式为：

```
Input(numberchars，#filenumber)
```

（4）写顺序文件

在 Visual Basic 中可以使用 Print #语句或 Write #语句向打开的顺序文件中写入数据。

Print #语句格式为：

```
Print #filenumber, varlist
```

Write #语句格式为：

```
Write #filenumber,varlist
```

2. 随机文件操作

（1）打开随机文件

在 Visual Basic 中打开随机文件使用的也是 Open 语句，其格式为：

```
Open pathname [For Random] As #filenumber Len = recordlength
```

（2）关闭随机文件

在 Visual Basic 中关闭随机文件使用的也是 Close 语句，其格式为：

```
Close [[#]filenumber][,[#]filenumber]…
```

（3）读随机文件

在 Visual Basic 中可以使用 Get 语句从打开的随机文件读取数据，其格式为：

```
Get [#]filenumber, [Position], var
```

（4）写随机文件

在 Visual Basic 中可以使用 Put 语句向打开的随机文件写入数据，其格式为：

```
Put [#]filenumber, [Position], var
```

3. 二进制文件操作

（1）打开二进制文件

在 Visual Basic 中打开二进制文件的 Open 语句格式为：

```
Open pathname For Binary As #filenumber
```

（2）关闭二进制文件

在 Visual Basic 中关闭二进制文件的 Close 语句格式为：

```
Close [[#]filenumber][,[#]filenumber]…
```

（3）读二进制文件

在 Visual Basic 中可以使用 Get 语句从打开的二进制文件读取数据，其格式为：

```
Get [#]filenumber, [Position], var
```

（4）写二进制文件

在 Visual Basic 中可以使用 Put 语句向打开的二进制文件写入数据，其格式为：

```
Put [#]filenumber, [Position], expression
```

10.1.2　文件处理函数及语句

Visual Basic 常用的文件处理函数如表 10-1 所示。

表 10-1　Visual Basic 常用的文件处理函数

函　　数	返回类型	功　　能
Eof(filenumber)	Boolean	返回文件的当前读写位置是否到达文件末尾，filenumber 为文件号
Lof(filenumber)	Long	返回已打开文件的字节数，filenumber 为文件号
Seek(filenumber)	Long	返回已打开文件内的当前读写位置
Loc(filenumber)	Long	顺序文件返回当前字节位置除以 128 的值；随机文件返回当前记录号；二进制文件返回当前字节位置

续表

函　　数	返回类型	功　　能
FileLen(pathname)	Long	返回文件的字节数，pathname 为文件路径
FreeFile()	Integer	返回下一个未使用的文件号

Visual Basic 常用的文件处理语句如表 10-2 所示。

表 10-2　Visual Basic 常用的文件处理语句

语　　句	功　　能
FileCopy source,destination	将源文件复制为目标文件，source 表示源文件路径；destination 表示目标文件路径和文件名
Name oldpathname As newpathname	将源文件（文件夹）重命名为目标文件（文件夹），oldpathname 表示源文件（文件夹）路径；newpathname 表示目标文件（文件夹）路径
Kill pathname	删除文件，pathname 表示文件路径
MkDir pathname	创建新文件夹，pathname 表示新文件夹路径

10.1.3　文件管理控件

Visual Basic 6.0 文件管理控件主要包括驱动器列表框（DriveListBox）、文件夹列表框（DirListBox）和文件列表框（FileListBox），通常需要组合使用。

1. 驱动器列表框

Drive 属性：String 型，返回或设置驱动器列表框下拉列表中的当前驱动器。

Change()事件：驱动器列表框的当前驱动器（即 Drive 属性）改变时触发。

Click()事件：驱动器列表框被单击时触发。

2. 文件夹列表框

Path 属性：String 型，返回或设置文件夹列表框的当前文件夹。

ListIndex 属性：Integer 型，当前文件夹的值为-1；第一个子文件夹的值为 0，其后的同级子文件夹分别为 1、2、3 等；上一级文件夹的值为-2，再上一级为-3，依此类推。

ListCount 属性：Integer 型，返回当前文件夹中包含的子文件夹个数。

List 属性：String 型数组，返回指定文件夹的路径和名称。

Change()事件：文件夹列表框的当前文件夹（即 Path 属性）改变时触发。

Click()事件：文件夹列表框被单击时触发。

3. 文件列表框

Path 属性：String 型，返回或设置文件列表框的当前文件夹。

FileName 属性：String 型，设置或返回指定文件的路径和名称。

ListIndex 属性：Integer 型，返回或设置当前文件的索引。

ListCount 属性：Integer 型，返回当前文件夹中包含的文件个数。

List 属性：String 型数组，返回指定文件的名称。

Pattern 属性：String 型，使用通配符“*”或“?”设置在文件列表框中显示的特定文件。

PathChange()事件：文件列表框的当前路径（即 Path 或 FileName 属性）改变时触发。

Click()事件：文件列表框被单击时触发。

10.2 实 验 设 计

实验 10-1 在窗体 Form1 上有 2 个命令按钮 Command1、Command2，控件属性如表 10-3 所示。编写程序，要求单击 Command1 时，随机生成 100 个小于 1000 的正整数并打印在窗体上（每行 10 个数，右对齐），并将这些数保存到 D:\数据.txt 文件中；单击 Command2 时，从文件中读取这 100 个数，将平均值和方差打印在窗体上，如图 10-1 所示。

表 10-3 控件属性列表

控件名（Name）	Caption
Form1	"计算方差"
Command1	"生成随机数"
Command2	"计算方差"

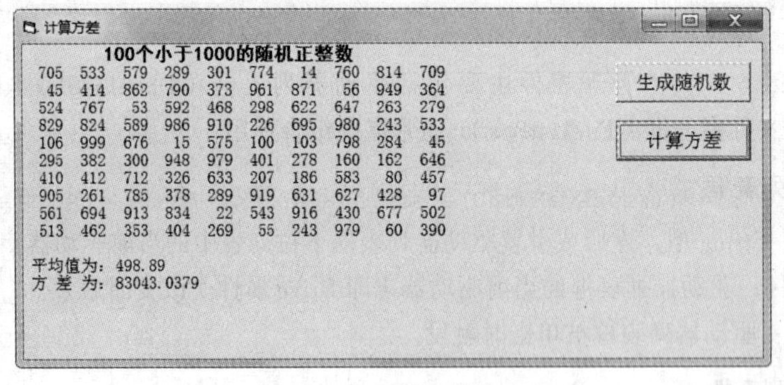

图 10-1 程序运行界面

【实验目的】

掌握顺序文件的读写操作。

【实验详解】

“生成随机数”按钮 Click()事件过程：

```
Private Sub Command1_Click()
    Dim n As Long, i As Integer
    Cls
    Form1.FontName = "黑体"
    Form1.FontSize = 12
    Form1.FontBold = True
    Print Space(8) & "100 个小于 1000 的随机正整数"
    Form1.FontName = "宋体"
    Form1.FontSize = 11
    Form1.FontBold = False
    Open "D:\数据.txt" For Output As #1
    For i = 1 To 100
       n = Int(Rnd * 1000)
       Write #1, n
```

```
        If n < 10 Then
            Print Space(4) & n;
        ElseIf n < 100 Then
            Print Space(3) & n;
        Else
            Print Space(2) & n;
        End If
        If i Mod 10 = 0 Then Print
    Next i
    Close #1
End Sub
```

"计算方差"按钮Click()事件过程：

```
Private Sub Command2_Click()
    Dim a(100) As Integer
    Dim i As Integer, avg As Double, v As Double
    Open "D:\数据.txt" For Input As #1
    Do Until EOF(1)
        i = i + 1
        Input #1, a(i)
        avg = avg + a(i)
    Loop
    Close #1
    avg = avg / 100
    Print
    Print " 平均值为: " & avg
    For i = 1 To 100
        v = v + (a(i) - avg) ^ 2
    Next i
    v = v / 100
    Print " 方 差 为: " & v
End Sub
```

说明：

① Command1_Click()事件中：

a. 语句Cls用于清除窗体上以前打印的文字；

b. 语句Form1.FontName = "黑体"、Form1.FontSize = 12、Form1.FontBold = True用于设置标题行的字体；

c. 语句Print Space(8) & "100个小于1000的随机正整数"用于打印黑体、加粗、12磅的标题行，文字左侧空8个格；

d. 语句Form1.FontName = "宋体"、Form1.FontSize = 11、Form1.FontBold = False用于设置打印数字的字体；

e. 语句Open "D:\数据.txt" For Output As #1可将D:\数据.txt文件以写入方式打开，文件号为1；

f. 循环结构For i = 1 To 100…Next i将循环100次，每次循环：

- 语句n = Int(Rnd * 1000)生成1个小于1000的随机正整数，存入变量n中；
- 语句Write #1, n将变量n的值写入1号文件，也就是D:\数据.txt文件；
- 多分支结构If n < 10 Then…ElseIf n < 100 Then…Else…End If用于在窗体上打印变量n的值，如果n是一位数则在左侧加4个空格，如果n是两位数则在左侧加3个空格，如果n

是三位数则在左侧加 2 个空格；

- 语句 If i Mod 10 = 0 Then Print 用于控制每打印 10 个数就换行。

g. 语句 Close #1 可将 1 号文件，也就是 D:\数据.txt 文件关闭。

② Command2_Click()事件中：

a. 语句 Open "D:\数据.txt" For Input As #1 可将 D:\数据.txt 文件以读取方式打开，文件号为 1；

b. 循环结构 Do Until EOF(1)…Loop 当 1 号文件读到末尾时结束：

- 语句 Input #1, a(i)可从 1 号文件读取一行文字存入数组 a 的第 i 号元素 a(i)；
- 语句 avg = avg + a(i)用于求和。

c. 语句 avg = avg / 100 用于求 100 个数的平均值；

d. 循环结构 For i = 1 To 100…Next i 和语句 v = v / 100 用于求 100 个数的方差。

实验 10-2 在窗体 Form1 上有驱动器列表框 Drive1、文件夹列表框 Dir1、文件列表框 File1、图片框 Picture1（作为容器）、图像框 Image1（添加在 Picture1 内）、水平滚动条 HScroll1 和垂直滚动条 VScroll1 各 1 个，控件属性如表 10-4 所示。编写程序，要求：

① 单击驱动器列表框 Drive1 时，文件夹列表框 Dir1 的当前文件夹随之改变；

② 单击文件夹列表框 Dir1 时，文件列表框 File1 的当前文件夹随之改变；

③ 单击文件列表框 File1 时，在图像框 Image1 中加载选中的图片；

④ 若图片比容器 Picture1 大，则自动显示滚动条；

⑤ 拖拽滚动条时，图片在容器 Picture1 内滚动。

程序运行界面如图 10-2 所示。

表 10-4 控件属性列表

控件名（Name）	属 性 名	属 性 值
Form1	BorderStyle	1
	Caption	"图片浏览器"
	Height	6700
	Width	11000
Drive1	Height	300
	Left	100
	Top	100
	Width	4500
Dir1	Height	2190
	Left	100
	Top	500
	Width	4500
File1	Height	3330
	Left	100
	Top	2800
	Width	4500
	Pattern	"*.bmp;*.jpg;*.jpeg;*.gif"

续表

控件名（Name）	属　性　名	属　性　值
Picture1	Height	5800
	Left	4700
	Top	100
	Width	5800
Image1	Stretch	False
	Left	0
	Top	0
HScroll1	Height	300
	Left	4700
	Top	5900
	Width	5800
	Visible	False
VScroll1	Height	5800
	Left	10500
	Top	100
	Width	300
	Visible	False

注意：图像框 Image1 必须添加到图片框 Picture1 内。

图 10-2　程序运行界面

【实验目的】

掌握文件管理控件的使用方法。

【实验详解】

添加程序代码如下：

```
Private Sub Drive1_Change()
    Dir1.Path = Drive1.Drive
```

```
End Sub
Private Sub Dir1_Change()
   File1.Path = Dir1.Path
End Sub
Private Sub File1_Click()
   Dim s As String
   s = File1.Path & "\" & File1.FileName
   Image1.Picture = LoadPicture(s)
   Image1.Left = 0
   Image1.Top = 0
   HScroll1.Value = 0
   VScroll1.Value = 0
   If Image1.Width > Picture1.Width Then
      HScroll1.Visible = True
      HScroll1.Max = Image1.Width - Picture1.Width
      HScroll1.LargeChange = Picture1.Width
   Else
      HScroll1.Visible = False
   End If
   If Image1.Height > Picture1.Height Then
      VScroll1.Visible = True
      VScroll1.Max = Image1.Height - Picture1.Height
      VScroll1.LargeChange = Picture1.Height
   Else
      VScroll1.Visible = False
   End If
End Sub
Private Sub HScroll1_Change()
   Image1.Left = -HScroll1.Value
End Sub
Private Sub HScroll1_Scroll()
   Image1.Left = -HScroll1.Value
End Sub
Private Sub VScroll1_Change()
   Image1.Top = -VScroll1.Value
End Sub
Private Sub VScroll1_Scroll()
   Image1.Top = -VScroll1.Value
End Sub
```

说明:

① Drive1_Change()事件中的语句 Dir1.Path = Drive1.Drive 用于把文件夹列表框 Dir1 与驱动器列表框 Drive1 关联起来。

② Dir1_Change()事件中的语句 File1.Path = Dir1.Path 用于把文件列表框 File1 与文件夹列表框 Dir1 关联起来。

③ File1_Click()事件中:

a. 语句 s = File1.Path & "\" & File1.FileName 和 Image1.Picture = LoadPicture(s)用于在图像框

Image1 中加载文件列表框 File1 中选中的图片；

b. 语句 Image1.Left = 0、Image1.Top = 0、HScroll1.Value = 0 和 VScroll1.Value = 0 用于将图像框 Image1 和滚动条恢复到初始位置；

c. 分支结构 If Image1.Width > Picture1.Width Then…Else…End If 的作用是当图片宽度超过容器 Picture1 的宽度时，显示水平滚动条 HScroll1，否则隐藏水平滚动条；

d. 分支结构 If Image1.Height> Picture1.Height Then…Else…End If 的作用是当图片高度超过容器 Picture1 的高度时，显示垂直滚动条 VScroll1，否则隐藏垂直滚动条。

④ HScroll1_Change()和 HScroll1_Scroll()事件中，语句 Image1.Left = -HScroll1.Value 的作用是当水平滚动条向右滑动时，图像框 Image1 向左移动；水平滚动条向左滑动时，图像框向右移动。

⑤ VScroll1_Change()和 VScroll1_Scroll()事件中，语句 Image1.Top = -VScroll1.Value 的作用是当垂直滚动条向下滑动时，图像框 Image1 向上移动；垂直滚动条向上滑动时，图像框向下移动。

Visual Basic 6.0 程序设计综合训练

第11章 单项选择题

1. Visual Basic 工程文件的扩展名为______。

   A. .vbp　　　　B. .frm

   C. .bas　　　　D. .cls

2. Visual Basic 代码中，表示注释内容的符号是______。

   A. '　　　　B. "

   C. --　　　　D. //

3. 下列选项中可作为 Visual Basic 变量名的是______。

   A. 2a　　　　B. a2

   C. a/2　　　　D. 2

4. 在下列逻辑表达式中，其值肯定为 False 的是______。

   A. x Or x　　　　B. x And x

   C. x Or Not x　　　　D. x And Not x

5. Visual Basic 语句 Print 7 *7\7 / 7 Mod 4 的输出结果是______。

   A. 2　　　　B. 1

   C. 2　　　　D. 3

6. 在 Visual Basic 中，用语句 Dim a(-2 To 2, 1) As Integer 定义的数组占______个字节。

   A. 1　　　　B. 4

   C. 16　　　　D. 20

7. 已知 Text1 为编辑框控件，语句 Text1.FontBold=True 的作用是______。

   A. 将 Text1 上显示的文字改为斜体

   B. 将 Text1 上显示的文字改为粗体

   C. 将 Text1 隐藏起来

   D. 将 Text1 显示出来

8. 窗体 Form1 上有 1 个命令按钮 Command1，用户单击按钮时将触发的事件是______。

   A. Command1_DblClick()

   B. Command1_Click()

   C. Command1_Change()

   D. Form1_Click()

9．已知窗体 Form1 上有复选框 Check1、编辑框 Text1，语句 If Check1.Value = 1 Then Text1.FontSize = Text1.FontSize * 2 的作用是______。

A．如果 Check1 被选中，将 Text1 的字体尺寸放大 1 倍

B．如果 Check1 未被选中，将 Text1 的字体尺寸放大 1 倍

C．如果 Check1 被选中，将 Text1 的字体尺寸设为 2

D．如果 Check1 被单击，将 Text1 的字体尺寸设为原来的 2 倍

10．窗体 Form1 上有 1 个编辑框 Text1 和 1 个按钮 Command1，下列代码的作用是______。

```
Private Sub Command1_Click()
   Dim i As Integer
   Text1.Text = ""
   i = 0
   Do While i < 10
      Text1.Text = Text1.Text & i & " "
      i = i + 2
   Loop
End Sub
```

A．用户单击按钮时，在编辑框中显示 0 2 4 6 8

B．用户单击按钮时，在编辑框中显示 2 4 6 8 10

C．用户单击按钮时，在编辑框中显示 Text1.Text & I & " "

D．用户单击按钮时，编辑框中什么都不显示

11．按【Tab】键时，焦点在控件间按一定的顺序移动。决定控件移动顺序的属性是______。

A．Index　　B．TabIndex

C．Default　　D．TabStop

12．一个工程含有多个窗体时，其中的启动窗体是______。

A．启动 Visual Basic 程序时建立的窗体

B．第一个添加的窗体

C．最后一个添加的窗体

D．在“工程属性”对话框中指定的窗体

13．语句 Dim A(2 To 5) As Integer 定义的数组的元素个数是______。

A．2　　B．3

C．4　　D．5

14．窗体上设有 1 个列表框控件 List1，以下能表示当前被选中的列表项内容的是______。

A．List1.Text　　B．List1.List

C．List1.Index　　D．List1. ListIndex

15．窗体上有 1 个图像框 Image1，如果想让 Image1 在运行时在原地加宽 1 倍，应使用的语句是______。

A．Image1.Width=2*Image1.Width 和 Image1.Left=Image1.Left-Image1.Width/2

B．Image1.Width=2*Image1.Width 和 Image1.Left=Image1.Left/2

C．Image1.Width=2*Image1.Width 和 Image1.Left=Image1.Left-Image1.Width/4

D．Image1.Width=2*Image1.Width 和 Image1.Left=Image1.Left-Image1.Left/2

16. 已知程序中有如下代码：

```
Select Case Text1.Text
    Case "a": Label1.Caption = "优"
    Case "b": Label1 = "良"
    Case "c": Label1 = "中"
    Case "d": Label1 = "差"
    Case Else: MsgBox "数据输入错误"
End Select
```

若在 Text1 中输入字母 B，运行后的结果是______。

A. 标签 Label1 中显示“优”

B. 出现“数据输入错误”字样对话框

C. 系统报错

D. 标签 Label1 中显示“良”

17. 下面函数中，能从字符串“Visual Basic”中直接取出“Visual”的是______。

A. Mid　　B. Right

C. InStr　　D. String

18. 可以同时删除字符串前导和尾部空白的函数是______。

A. Ltrim　　B. Rtrim

C. Trim　　D. Mid

19. 现有一个“霓虹灯”程序，要求窗体上的一行文字隔 1s 出现 1 次，每次持续 1s，需对计时器 Timer1 设置的语句是______。

A. Timer1.Interval=100

B. Timer1.Interval=1000

C. Timer1.Index=100

D. Timer1.Value=1000

20. 下面程序段运行后，显示的结果是______。

```
Dim a
If a Then Print a + "b" Else Print a +"a"
```

A. a　　B. b

C. ab　　D. aa

21. 编辑框控件 TextBox 默认情况下只能显示 1 行文本，如果让编辑框显示多行文字，应设置的属性是______。

A. ControlBox　　B. TabIndex

C. Text　　D. MultiLine

22. 使用 Visual Basic 进行程序设计时，可以添加控件的模块是______。

A. 标准模块　　B. 窗体模块

C. 类模块　　D. 工程模块

23. 为了使一个窗体从屏幕上消失但仍在内存中，所使用的方法是______。

A. Show　　B. Hide

C. Load　　D. Unload

24. 设有垂直滚动条控件 VScroll1，决定其滚动块在滚动条上位置的属性是______。

A. Max　　B. Min

C. Value　　D. Top

25. 使用 Visual Basic 开发应用程序时，默认的工程类型是______。

A. 标准 EXE

B. ActiveX DLL

C. ActiveX EXE

D. Visual Basic 企业版控件

26. 下列属性中，决定控件高度的属性是______。

A. Name　　B. Caption

C. Text　　D. Height

27. 下列属性中，决定控件背景颜色的属性是______。

A. Name　　B. ForeColor

C. BackColor　　D. Width

28. 要想将窗体设为 MDI 窗体的子窗体，应设置的属性是______。

A. MDIChild　　B. ControlBox

C. MaxButton　　D. Appearance

29. 已知窗体上有 1 个编辑框 txtName、1 个按钮 cmdBold，在 cmdBold_Click()事件过程中，语句 txtName.FontBold=Not txtName.FontBold 的作用是______。

A. 每次单击按钮时，将编辑框的字体设为粗体

B. 每次单击按钮时，将编辑框的字体设为正常体

C. 每次单击按钮时，将编辑框的字体设为斜体

D. 每次单击按钮时，如果编辑框的字体为粗体，则设为正常体，否则设为粗体

30. 下列语句中，可以将窗体上的标签 Label1 向右移 200 缇的语句是______。

A. Label1.Left=Label1.Left+200

B. Label1.Left-200

C. Label1.Left=Label1.Left-200

D. Label1.Left+200

31. 下列语句中，能表示“如果 0<x<10，则隐藏 Label1 标签”的语句是______。

A. If 0<x<10 Then Label1.Visible=False

B. If 0<x<10 Then Label1.Enabled=False

C. If x>0 And x<10 Then Label1.Visible=False

D. If x>0 And x<10 Then Label1.Enabled=False

32. 已知程序中有如下代码，运行后编辑框 Text1 中的数字个数是______。

```
For x = 30 To 10 Step -10
    For y = 1 To x / 10 Step 2
        Text1.Text = Text1.Text & y & " "
    Next y
Next x
```

A. 3　　B. 4
C. 5　　D. 6

33. 现有 Integer 型变量 x、Double 型变量 Pi=3.1415926，语句 x=Pi/4 的运行结果是______。

A. x=0.78539815　　B. x=1
C. x=0　　D. 系统报错

34. 下列 Visual Basic 控件中，不能显示图片的是______。

A. CommandButton　　B. TextBox
C. Image　　D. PictureBox

35. Visual Basic 代码中的函数过程，是由下列哪种关键字括起来的______。

A. While … Wend
B. If … End If
C. Function … End Function
D. Sub … End Sub

36. 有如下 Visual Basic 语句 If x>5 And x<10 Then y="x*2", 已知 x=8 执行后 y 的值是______。

A. 16　　B. "x*2"
C. "8*2"　　D. "16"

37. 如果需要在一个窗体上布置一组单选选项供用户选择，可以使用的控件是______。

A. Label　　B. Image
C. OptionButton　　D. TextBox

38. 窗体上有单选按钮 Option1，下列语句中，能使 Option1 被选中的是______。

A. Option1.Selected　　B. Load Option1
C. Option1.Value=False　　D. Option1.Value=True

39. 在编辑框 Text1 中输入文本或删除文本时，会触发的事件是______。

A. Text1_MouseDown()
B. Text1_DblClick()
C. Text1_Click()
D. Text1_Change()

40. 程序运行后，文本框可见但不显示滚动条的原因是______。

A. MultiLine 属性为 False
B. ScrollBars 属性为非零值
C. Enabled 属性为 False
D. Visible 属性为 True

41. Visual Basic 窗体的 Icon 属性用来设置______。

A. 窗体的标题
B. 位于窗体标题栏左上角的图标
C. 窗体的背景图片
D. 位于窗体上的图标

42. 若要将 Label 控件上的文本改为居中对齐，应设置的属性是______。

A. BorderStyle　　B. Appearance

C. Center　　D. Alignment

43. 如果想让窗体在程序一启动时就以“最大化”形式出现，应设置窗体的属性______。

A. MaxButton　　B. WindowState

C. Width　　D. AutoSize

44. 编写程序如下，控件 Timer1 的 Enabled 属性初始值设为 False，单击按钮 Command1 后，经过 10s 变量 s 的值为______。

```
Private Sub Command1_Click( )
    Timer1.Interval = 1000
    Timer1.Enabled = True
End Sub
Private Sub Timer1_Timer( )
    Dim s As Integer
    s = s+2
End Sub
```

A. 2　　B. 10

C. 20　　D. 40

45. 一个语句要在下一行续写，在本行按下【Enter】键之前，应加上______。

A. “-”（连字符，即减号）

B. “_”（下画线）

C. “ -”（空格后跟减号）

D. “ _”（空格后跟下画线）

46. 下面不能在信息框中输出“请确认”的是______。

A. MsgBox("请确认")

B. MsgBox "请确认"

C. call MsgBox("请确认")

D. m=MsgBox("请确认")

47. 窗体上有一个命令按钮数组，能够区分数组中各个按钮的属性是______。

A. Caption　　B. Name

C. Tab　　D. Index

48. 设 a = 3，b = 4，c = 5，执行语句 x = IIf((a > b) Or (c > b), b − a, c − a)后，x 的值是______。

A. 1　　B. 2

C. 3　　D. 4

49. 下列属性中，不属于框架控件的属性是______。

A. Caption　　B. Font

C. Text　　D. Index

50. 滚动条可以响应的事件是______。

A. Change　　B. Click

C. Load　　D. MouseDown

参 考 答 案

1．A	2．A	3．B	4．D	5．B	6．D
7．B	8．B	9．A	10．A	11．B	12．D
13．C	14．A	15．C	16．B	17．A	18．C
19．B	20．A	21．D	22．B	23．B	24．C
25．A	26．D	27．C	28．A	29．D	30．A
31．C	32．B	33．B	34．B	35．C	36．B
37．C	38．D	39．D	40．A	41．B	42．D
43．B	44．A	45．D	46．C	47．D	48．A
49．C	50．A				

第12章 填空题

1．Visual Basic 的对象主要包括________和________。

2．若要求在菜单中包含分隔条，则设计时，在菜单的标题属性中应设置________。

3．结构化程序设计方法中包含的三种基本结构为顺序、________和________。

4．Visual Basic 6.0 中，窗体（Form1）加载时触发的事件是________。

5．以下程序段在单击按钮 Command1 后，经过 5s 变量 s 的值是________。

```
Dim s As Integer
Private Sub Command1_Click()
   Timer1.Interval=1000
   Timer1.Enabled=True
End Sub
Private Sub Timer1_Time()
   s=s+2
End Sub
```

6．Visual Basic 6.0 中应用________的程序设计方法，采用________驱动的编程机制。

7．滚动条的 LargeChange 属性的作用是________。

8．在 Visual Basic 中，由系统事先设定的，能被对象识别和响应的动作称为________。

9．所有控件都具有的共同属性是________。

10．Print 9 * 7 Mod 5 * -3 \ 7 / 7 的输出结果是________。

11．确定复选框是否选中，可访问的属性是________。

12．从字符串变量 S 的第 2 个字符开始取两个字符的函数是________。

13．决定控件边框样式的属性是________

14．在 Visual Basic 中，大部分属性既可以在________设置，也可以在________设置。

15．下列过程的功能是：在对多个文本框进行输入时，对第一个文本框（Text1）输入完毕后用【Enter】键使焦点跳到第二个文本框（Text2），而不是用【Tab】键来切换。请填空。

```
Private Sub _______KeyPress(KeyAscii As Integer))
   If _________ Then
      Text2.SetFocus
   End If
End Sub
```

16．列表框中项目的序号从________开始，________表示列表框中最后一项的序号。

17．Visual Basic 6.0 中，用于改变 CommandButton 外观风格是否显示图片的属性是________。

18. Visual Basic 6.0 中. 窗体（Form1）卸载时触发的事件是________。

19. Visual Basic 6.0 中对象的属性是指________。

20. Visual Basic 6.0 中对象的方法是指________。

21. 滚动条的 Min 属性的作用是________。

22. 组合框中项目的序号从________开始，________表示组合框中最后一项的序号。

23. 图片框区别于图像框的特点之一是________，特点之二是________。

24. 在窗体上添加一个命令按钮，然后编写如下事件过程：

```
Private  Sub Commandl _ Click ( )
   a= InputBox ("请输入一个整数")
   b= InputBox ("请输入一个整数")
   Print a+b
End Sub
```

程序运行后，单击命令按钮，在输入对话框中分别输入 321 和 456，输出结果是________。

25. 当在滚动条内单击时，要使滚动块的移动量为某一值，则需通过________属性来控制。

26. 当焦点进入文本框 TxtDate 时，若要自动选定文本框开始的 3 个字符，需通过语句________和语句 TxtDate.SelLength=________来实现。

27. 下面程序的主要功能是求________、________、________。

```
Dim n As Integer
Private Sub Text1_KeyPress(KeyAscii As Integer)
  Text1.Text = Chr(KeyAscii)
  If lcase(Chr(KeyAscii))>="a" and lcase(Chr(KeyAscii))<="z" Then print "是字母"
  If IsNumeric(Text1.Text) Then
     Select Case Text1.Text Mod 3
        Case 0
              n=n+Text1.Text
              print n
        Case Else
              print "error"
     End Select
  End If
  Text1.Text=" "
  Text1.SetFocus
End Sub
```

28. 随机产生 20 个不重复的小写字母 a～z（可以是 a、z），存放在字符数组中。请在空白处填上适当语句。

```
Private Sub Form_Click( )
   Dim x(1 to 20) As String*1,y As String*1
   Dim Flag As ________,k As integer,m As integer
   x(1)=Chr(Int(97+Rnd*26))
   k=2
   Do While k<=20
     y=__________
     Flag=False
     For m=1 To k-1
         If x(m)=y Then Flag=True
```

```
    Next m
    If ________ Then
        x(k)=y
        k=k+1
    End If
  Loop
  For m=1 To 20
    Print x(m);
  Next m
  Print
End Sub
```

29. 单击命令按钮，下列程序代码的执行结果是________。

```
Public Sub proc1(n As Integer, ByVal m As Integer)
   n = n Mod 10
   m = m / 10
End Sub
Private Sub Command1_Click()
    Dim x As Integer, y As Integer
    x = 15: y = 56
    Call proc1(x, y)
    Print x, y
End Sub
```

30. 假设在窗体上添加一个命令按钮，变量 x 是一个窗体级变量。下面程序运行后，变量 x 的值是多少________。

```
Dim x As Integer
Sub Sub1(y As Integer)
    x = x + y * 2
End Sub
Private Sub Command1_Click()
    Sub1 1
    Sub1 2
    Sub1 3
    Sub1 4
    Print x;
End Sub
```

31. 下列代码的作用是判断变量 x 是否可以被变量 y 整除，请填写 Visual Basic 语句完成相应的功能________。

```
If ______ Then
   Label1.Caption=x & "可以被" & y & "整除"
Else
   Label1.Caption=x & "不能被" & y & "整除"
End If
```

32. 下列代码的作用是，从键盘上输入一个整数（可以是正，也可以是负），将其反序输出。若为负数，反序后的数仍是负数。请填写 Visual Basic 语句完成相应的功能________。

```
Private Sub Form_Click()
    Dim x As String, s As String
    Dim i As Integer,f as Integer
    x = InputBox("请输入一个整数")
```

```
    if val(x)<0 then
       ________
       x=trim(str(abs(val(x))))
    End If
    For________To 1 Step -1
         s = s + Mid(x, i, 1)
    Next i
    If f=-1 then s= "-"+s
    Print s
End Sub
```

33. 下列代码的作用是，输入一个两位正整数，将个位数字和十位数字交换，得到一个新的正整数。请填写 Visual Basic 语句完成相应的功能________。

```
Private Sub Form_Click()
    Dim x As Integer
    x=InputBox("请输入一个正整数")
    x=________+int(x/10)
    Print x
End Sub
```

34. 在窗体中添加如下图所示的命令按钮时，此命令按钮的 Caption 属性应当设置为________。

Exit

35. 以下程序段在程序运行后，经过 5s 后，变量 a 的值为________。

```
Private Sub Form_Load()
     Timer1.Interval = 500
     Timer1.Enabled = True
End Sub
Private Sub Timer1_Timer()
     Static a
     a = a + 1
     Print a
End Sub
```

参 考 答 案

1. 窗体，控件　　2. -（连字符）　　3. 选择，循环

4. Load　　5. 10　　6. 面向对象，事件

7. 在滚动条内单击一次时，滚动块增加（或减少）Value 属性的值

8. 事件　　9. Name　　10. 3

11. Value　　12. Mid(s,2,2)　　13. BorderStyle

14. 属性窗口，过程中用代码　　15. Text1，KeyAscii=13

16. 0，Listcount-1　　17. Style　　18. UnLoad

19. 描述对象的特性　　20. 对象的行为或动作

21. 设置滚动条的最小 Value 值　　22. 0，Listcount-1

23. 图片框是容器，图片框占用内存较多　　24. 321456

25．LargeChange　　26．TxtData.SelStart=0，3

27．检测到文本框中输入了字母时显示“是字母”；检测到文本框中输入的是数字且能被 3 整除时求其加和，并输出本次加和；是数字且不能被 3 整除时，显示“error”。

28．依次填入 Boolean，说明 Flag 是逻辑（布尔）变量；填入 Chr(Int(97 + Rnd * 26))，产生 a～z 之间的一个字母，ASCII 值的范围是 97～122；填入 Not Flag，即当 Flag=False 时，表示当前产生的字母与已经存在的字母没有重复的。

29．5，56　　30．20

31．x Mod y=0　　32．f=-1，i = Len(x)

33．10*(x mod 10)　　34．E&xit

35．10

第13章 程序改错题

1. 窗体上有一个文本框。程序运行时，在文本框中输入一个数 p，单击窗体后，则在窗体上显示 e^p 的运算结果。（共有 2 处错）

通用声明段代码：

```
Option Explicit
```

窗体 Click()事件过程：

```
Private Sub Form_Click()
   Dim e=2.71828
   Dim f As single,p As single
   p=val(Text1.Caption)
   f=e^p
   print f, p
End Sub
```

2. 下面的程序用于求 $\frac{1}{2}+\frac{1}{4}+\frac{1}{6}+\cdots+\frac{1}{2m}$ 的和。（共有 3 处错）

通用声明段代码：

```
Option Explicit
```

命令按钮 Click()事件过程：

```
Private Sub Command1_Click()
   Dim m as integer,t as Integer,k as Integer
   m=InputBox("请输入 m 的值: ")
   k=1
   Do While k>=m
      t=t+1/2*k
      k=k+1
   Loop
   MsgBox "和为: " & t
End Sub
```

3. 输入一个学生的成绩，若大于等于 85 分，显示“优秀”，若大于等于 60 分，显示“合格”，否则显示“不合格”。（共有 3 处错）

通用声明段代码：

```
Option Explicit
```

命令按钮 Click()事件过程：

```
Private Sub Command1_Click()
```

```
    Dim x As Integer
    x=InputBox("请输入m的值: ")
    y = IIf(x >= 85, "优秀!", f(x >= 60, "合格!", "不合格!")
    MsgBox "学生成绩: " + x & ", " & y
End Sub
```

4. 输入 m 个学生的平均成绩，若小于 60 分，则在立即窗口显示，否则在窗体上显示。在立即窗口上要求以紧凑格式将成绩显示在同一行上，而在窗体上则一行只能显示一个数据。（共有 2 处错）

窗体 Click()事件过程：

```
Private Sub Form_Click()
  Dim r As Integer, m As string,s as string
     m = Val(InputBox("请输入学生人数"))
     For r = 1 To m
     s = Val(InputBox("请输入一个学生的平均成绩"))
     if s<60
        form1.Print s
     else
        Debug.Print s,
     End if
  Next r
End Sub
```

5. 以下程序用于将用户输入的字符串中，其位数能被 3 整除的字符取出组成新字符串，并用消息框输出这个新字符串。（共有 3 处错误）

命令按钮 Click()事件过程：

```
Private Sub Command1_Click()
   Dim p As Integer
   Dim y As String
   Dim c As String
   InputBox ("请输入字符串")
   p=1
   Do While p<=len(y)
      If p Mod 3 =1 Then    c=c & mid(y,p,1)
      p=p+1
   Loop
   MsgBox ("新字符串为: c")
End sub
```

6. 以下程序用于计算$1-\frac{1}{3}+\frac{1}{5}-\frac{1}{7}+\cdots+\frac{1}{97}-\frac{1}{99}$的值。（共有 4 处错误）

命令按钮 Click()事件过程：

```
Private Sub Command1_Click()
    Dim k As Integer
    Dim p As Integer
    Dim s As Integer
    p=1
    s=0
    For k=1 To 99
        p= p * ( -1 )
```

```
        s = p * 1 / k
    Next k
    Text1.text = s
End Sub
```

7. 窗体上有 3 个图像框和 1 个计时器。下面的程序用于将 C 盘根目录下的 pic1.gif、pic2.gif 图片文件分别装入图像框 Image1、Image2 中，通过计时器 Timer1 实现两个图片每秒交换 5 次。(共有 2 处错误)

窗体 Load()事件过程：

```
Private Sub Form_Load()
     Image1.Picture = LoadPicture("C:\pic1.gif")
     Image2.Picture = LoadImage("C:\pic2.gif")
     Image3.Visible = False
     Timer1.Interval = 500
End Sub
```

计时器 Timer ()事件过程：

```
Private Sub Timer1_Timer()
     Image3.Picture = Image1.Picture
     Image1 = Image2
     Image2 = Image3
End Sub
```

8. 下面的程序用于求 $\frac{1}{1!}+\frac{1}{2!}+\cdots+\frac{1}{m!}$。(共有 3 处错误)

命令按钮 Click()事件过程：

```
Private Sub Command1_Click()
   Dim m,k As integer
   Dim t,p As Integer
   p = 0
   m = Input ( "请输入 m 的值: " )
   k=1
   Do While k<=m
      p =( p*k)
      t=t+1/p
      k=k+1
   Loop
   MsgBox "1/1!+1/2!+…+1/m!=" + t
End Sub
```

9. 下面的程序用于求 $\frac{1}{1}+\left(\frac{1}{1}+\frac{1}{2}\right)+\left(\frac{1}{1}+\frac{1}{2}+\frac{1}{3}\right)+\cdots+\left(\frac{1}{1}+\frac{1}{2}+\frac{1}{3}+\cdots+\frac{1}{r}\right)$ 的和。(共有 3 处错误)

命令按钮 Click()事件过程：

```
Private Sub Command1_Click()
   Dim p,r As Integer
   Dim e,t As Integer
   r = InputBox ("请输入 r 的值: ")
   For p = 1 To r
      e = e +1/2
      t =t+e
   Next p
```

```
   MsgBox "和为: "+t
End Sub
```

10. 下面的程序用于将输入任意长度的字符串颠倒顺序。(共有 3 处错)

命令按钮 Click()事件过程：

```
Private sub command1_click()
   Dim i As Integer
   Dim s As String
   Dim k As Integer
   Dim result As String
   InputBox ("请输入字符串")
   k = Len(s)
   For i = k To 1
      result = result & Mid(s, i, 1)
   Next
   Msgbox("新字符串为: result")
End sub
```

11. 下列程序输入 6 种商品的名称和库存数量，一边输入一边显示，最后显示 6 种商品的总数量。(共有 3 处错)

通用声明段代码：

```
Option Base 1
```

窗体 Click()事件过程：

```
Private Sub Form_Click()
  Dim sp(6) As String, sl(6) As Integer
  Dim i As Integer, s As Integer
  For i = 0 To 6
      sp(i) = Val(InputBox("请输入商品名称"))
      sl(i) = Val(InputBox("请输入商品数量"))
      Print sp(i) + Space(2) + sl(i)
      s = s & sl(i)
  Next i
  Print "总数量"; s
End Sub
```

12. 向文本框中输入若干字符，直到按【Enter】键结束，统计有多少个元音字母（A、E、I、O、U），多少个其他字母，并显示结果。程序中 CountY 放元音字母个数，CountC 放其他字母个数，不区分大小写。(共有 2 处错)

通用声明段代码：

```
Dim CountY%, CountC%
```

文本框 KeyPress ()事件过程：

```
Private Sub Text1_KeyPress(KeyAscii As Integer)
   Dim c$
   c = Chr(KeyAscii)
   If "a" <= c And c <= "z" Then
      Select Case "c"
          Case "a", "e", "i", "o", "u"
               CountY = CountY + 1
          Case Else
               CountC = CountC + 1
```

```
      End Select
    End If
    If KeyAscii = 13 Then
      Print ""; CountY; ""
      Print ""; CountC; ""
    End If
  End Sub
```

13. 下面程序在窗体上创建 1 个标签框控件、1 个命令按钮控件，命令按钮控件的标题设置为“隐藏”，单击“隐藏”按钮后标签框消失，该按钮变成“显示”；单击“显示”按钮显示标签框，该按钮的标题又变为“隐藏”。(共有 2 处错)

命令按钮 Click()事件过程：

```
Private Sub Command1_Click()
  If Command1.Caption="隐藏" Then
     Label1.Enabled = False
     Command1.Text="显示"
  Else
     Label1. Visible = True
     Command1. Caption="隐藏"
  End If
End Sub
```

参考答案

第 1 题：

① Dim e=2.71828 错，改为：Const e=2.71828。Dim 语句定义变量，但不能同时赋值。Const e=2.71828 语句定义了一个值为 2.71828 的符号常量 e。

② p=val(Text1.Caption) 错，改为：p=val(Text1.Text)。文本框没有 Caption 属性，文本框中的内容是其 Text 属性的值。

第 2 题：

① Dim m as integer,t as integer,k as integer 错，改为：dim m as integer,t as single,k as integer。t 是 1/2+1/4+1/6+…+1/(2m)之和，是实数。

② Do While k>=m 错，改为：Do While k<=m。k 在不断增大，m 是终值。

③ t=t+1/2*k 错，改为：t=t+1/（2*k）。因为 1/2*k 等价于（1/2）*k。

第 3 题：

① Dim x As Integer 不完整，改为 Dim x As Integer,y As string。因为在“通用声明”段已有 Option Explicit 语句，程序中所有变量都必须先声明后使用。

② y = IIf(x >= 85, "优秀!", f(x >= 60, "合格!", "不合格!")错，应改为 y = IIf(x >= 85, "优秀!", IIf(x >= 60, "合格!", "不合格!"))。

③ MsgBox "学生成绩：" + x & "，" & y 语句错，应将其中的“+”号改为“&”号。因为 x 是数值变量，而与它连接的数据却是字符串。

第 4 题：

① Dim r As Integer, m As string, s As string 错，改为：Dim r As Integer, m As Integer, s As Integer。

② if s<60 错，改为：If s >= 60 Then。

第 5 题：

① InputBox ("请输入字符串") 错（函数不能单独做语句），改为：y= InputBox ("请输入字符串")。

② If p Mod 3 =1 Then 语句错，改为：If p Mod 3 =0 Then，才能取出能被 3 整除的位置的字符。

③ MsgBox ("新字符串为：c") 错，改为：MsgBox ("新字符串为：" & c)或 MsgBox ("新字符串为：" + c)。

第 6 题：

① Dim s As Integer 语句错，应改为：Dim s As Single。

② For k=1 To 99 语句错，应改为：For k=1 To 99 Step 2。

③ p=1 语句错，应改为：p=−1。

④ s = p * 1 / k 语句错，应改为：s =s+ p * 1 / k。

第 7 题：

① Image2.Picture=LoadImage("C:\pic2.gif")错，改为 Image2.Picture=LoadPicture("C:\pic2.gif")。

② Timer1.Interval = 5 错，改为 Timer1.Interval = 200。

第 8 题：

① p=0 语句错，改为：p=1。

② m = Input ("请输入 m 的值：") 错，改为：m = InputBox ("请输入 m 的值：")。

③ MsgBox "1/1!+1/2!+…+1/m!=" + t 错，改为：MsgBox "1/1!+1/2!+ …+1/m!=" & t。

第 9 题：

① Dim e,t As Integer 语句错，改为：Dim e,t As Single。

② e = e +1/2 语句错，改为：e = e +1/p。

③ MsgBox "和为："+t 语句错，改为：MsgBox "和为：" & t。

第 10 题：

① InputBox ("请输入字符串") 错，改为：s= InputBox ("请输入字符串")。

② For i = k To 1 语句错，改为：For i = k To 1 step −1。

③ Msgbox("新字符串为：result") 错，改为：Msgbox "新字符串为：" & result。

第 11 题：

① For i =0 To 6 错，改为：For i =1 To 6。

② Print sp(i) + Space(2) + sl(i) 错，改为：Print sp(i) + Space(2) & sl(i)。

③ s = s & sl(i) 错，改为：s = s＋sl(i)。

第 12 题：

① 将 c = Chr(KeyAscii) 改为：c=Lcase(Chr(KeyAscii))。

② 将 Select Case "c" 改为：Select Case c。

第 13 题：

① Label1.Enabled = False 错，改为：Label1.Visible = False。

② Command1.Text="显示"错，改为：Command1. Caption ="显示"。

第14章 简单应用题

1．在名为Form1的窗体上添加1个文本框，其名称为Text1；再添加两个命令按钮，其名称分别为Command1和Command2，标题分别为“显示”和“结束”，请填入必要的属性及属性值并编写适当的事件过程。要求程序运行后，在窗体加载时使“结束”按钮不可用，如果单击“显示”按钮，则在文本框内居中显示“开讲啦!”，此时单击“结束”按钮可用，并结束程序。填写对象的各个属性值，程序运行界面如图14–1所示。

对　象	属性 Name	属性 Caption	属性 Text
文本框			""
命令按钮 1			
命令按钮 2			

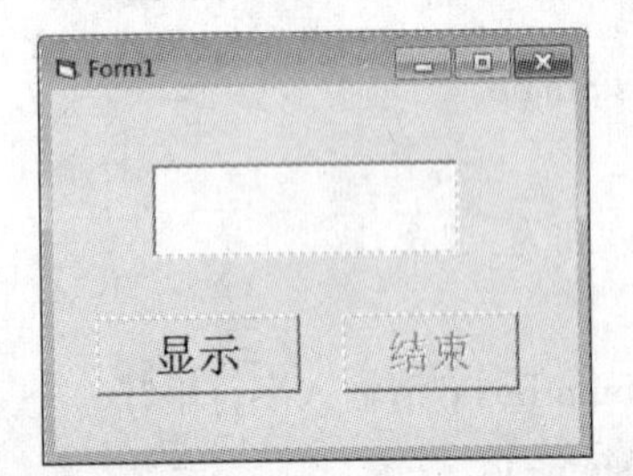

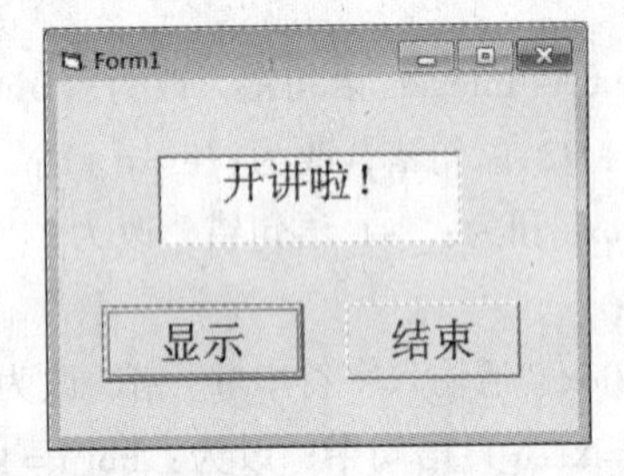

图14–1　程序运行界面

2．在窗体上有2个图像框Image1、Image2和1个命令按钮Command1。要求在程序运行后，单击“显示图片”按钮，则把当前文件夹中的图片文件p11.gif和p12.gif分别放入两个图像框中；单击图像框，则清除图片，运行界面如图14–2所示。

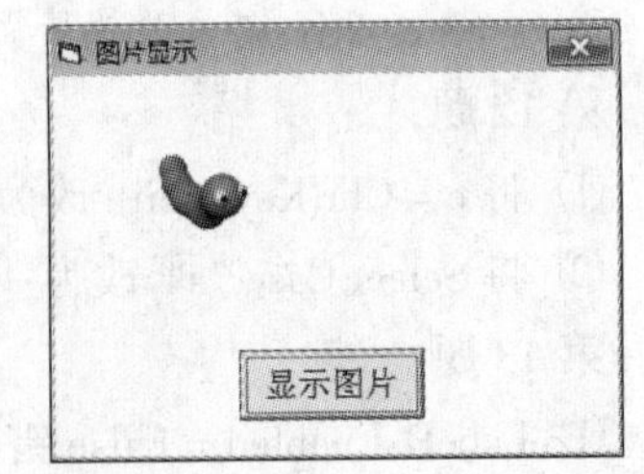

图14–2　程序运行界面

3．在窗体上有 1 个名称为 Text1 的文本框，1 个名称为 Command1，标题为“身份验证”的命令按钮。其中文本框用来输入密码，要求在文本框中输入的内容必须以“#”号显示。要求程序运行后，输入密码，单击“身份验证”按钮后，对密码进行验证。如果输入的内容是“ABC123”或“abc123”，则用 MsgBox 信息框输出“身份正确!”，否则输出“身份错误!”。运行界面如图 14-3 所示。

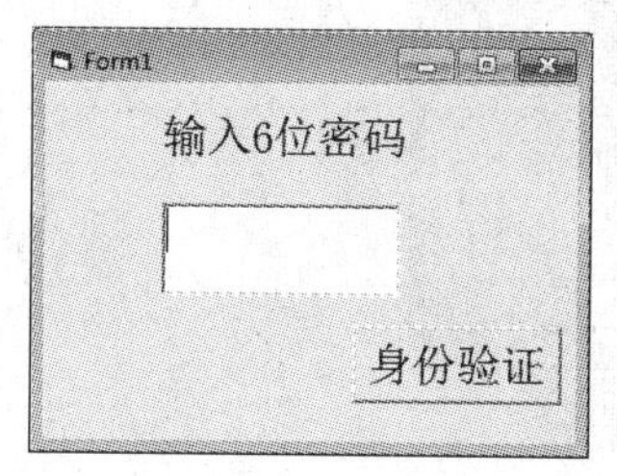

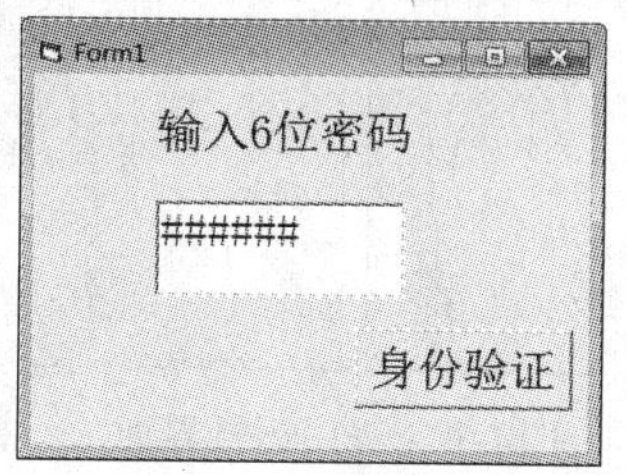

图 14-3　程序运行界面

4．设计一个程序，窗体上有 1 个标签、2 个复选框，复选框名称分别为 Check 1 和 Check2，标题依次为“羽毛球”和“网球”；窗体上还设有 2 个命令按钮，标题为“显示”和“结束”。要求程序运行后，用户单击复选框及“显示”按钮，则可以根据用户的选择显示相应的信息。运行界面如图 14-4 所示。

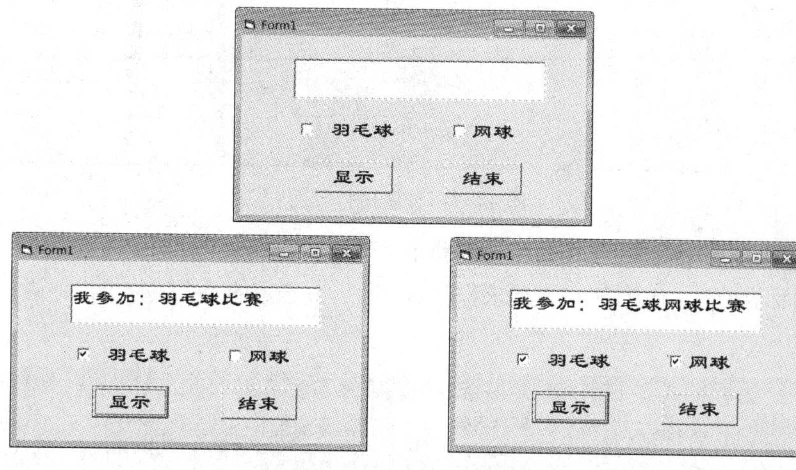

图 14-4　程序运行界面

5．在 Form1 的窗体上添加 1 个列表框，名称为 L1，编写程序完成以下功能：

① 通过 Form_Load() 事件过程加载窗体时，执行相应的语句，向列表框中添加 3 个数据项，分别为“计算机”“微积分”和“管理学”。

② 若单击列表框中某数据项，则把该项数据添加到列表框尾部。运行界面如图 14-5 所示。

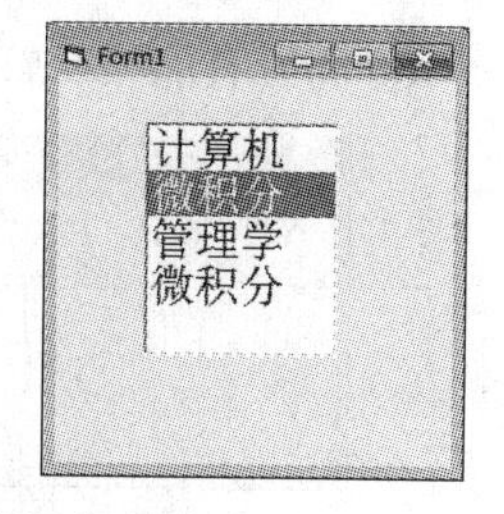

图 14-5　程序运行界面

6. 窗体上有 1 个标签 Label1 和计时器 Timer1，程序运行后，标签 Label1 自动从窗体下边向上边移动，当其上边界到达窗体顶端时，则回到窗体下边界，重新开始从下向上移动。运行界面如图 14–6 所示。

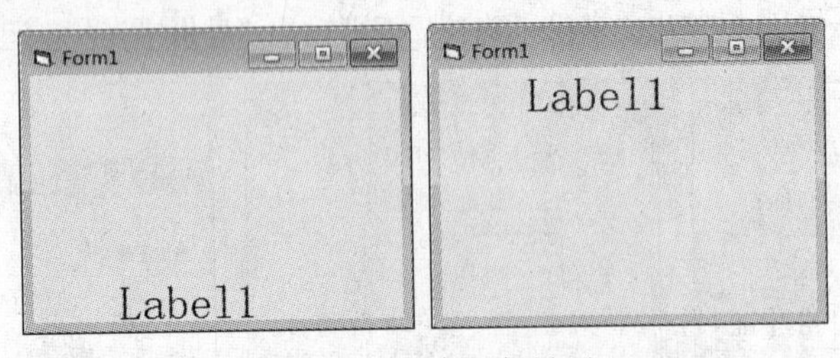

图 14–6　程序运行界面

7. 窗体上有 1 个列表框 L1、1 个文本框 Text1 和 1 个命令按钮 C1。窗体加载时列表框中装入前三个列表项。单击命令按钮，文本框中内容被追加到列表框中，文本框中的内容随即被清除。单击列表框中的一项，该项被删除。运行界面如图 14–7 所示。

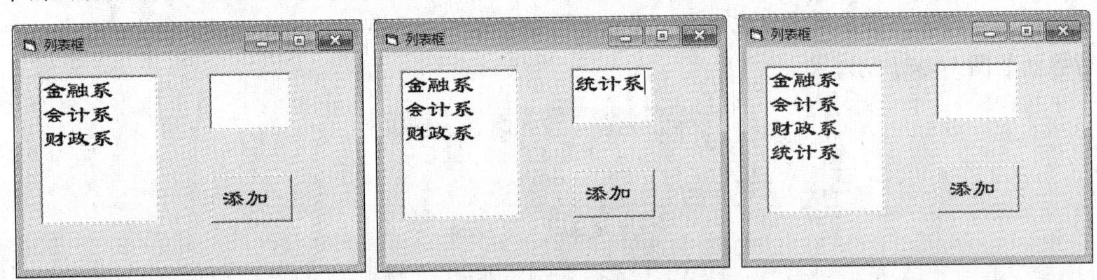

图 14–7　程序运行界面

8. 窗体上添加 1 个框架、1 个命令按钮和 1 个带边框的标签。“历史人物”框架中放了 3 个单选按钮，名称为 Op1、Op2、Op3，要求程序运行后，对选定的历史人物给出评语，运行界面如图 14–8 所示。

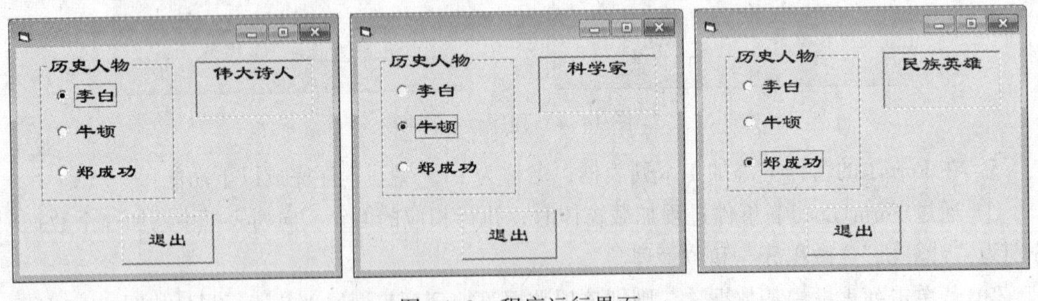

图 14–8　程序运行界面

9. 在窗体上输出 50～100 间所有能被 9 整除的整数。运行界面如图 14–9 所示。

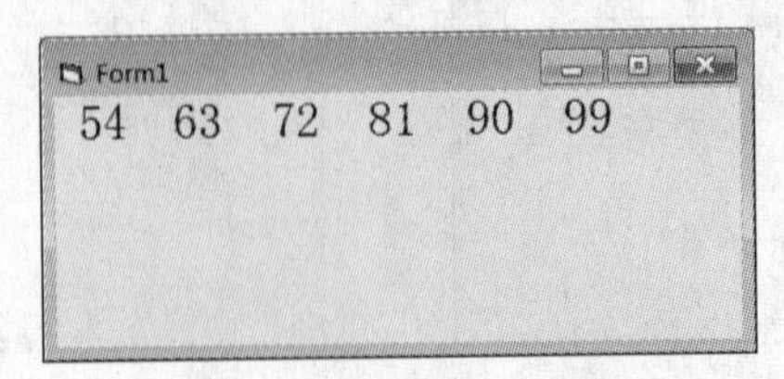

图 14–9　程序运行界面

10. 在名称为 Form1 的窗体上建立 1 个垂直滚动条 VS1 和 1 个文本框 Text1，滚动条的最大值为 1000，最小值为 0。请填入属性及相应的属性值，并编写适当的程序，要求程序运行后，每次移动滚动块时，其对应的值都显示在文本框中。运行界面如图 14-10 所示。

对　象	属性 Name	属性 Caption	属性____	属性____
窗体				
滚动条				

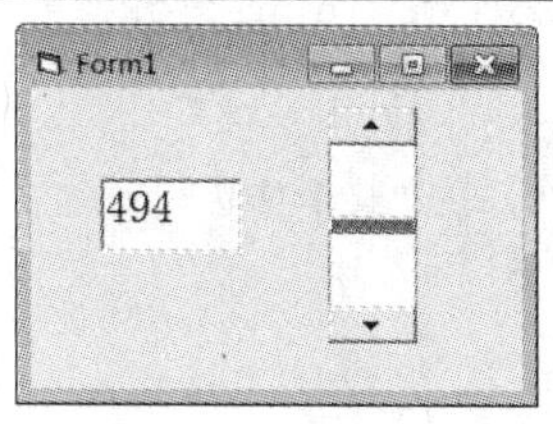

图 14-10　程序运行界面

参 考 答 案

第 1 题：

对　象	属性 Name	属性 Caption	属性 Text
文本框	Text1		""
命令按钮 1	Command1	显示	
命令按钮 2	Command 2	结束	

```
Private Sub Form_Load()
     Command2.Enabled = False
     Text1.Alignment = 2
End Sub
Private Sub Command1_Click()
     Command2.Enabled = True
     Text1.Text = "开讲啦！"
End Sub
Private Sub Command2_Click()
     End
End Sub
```

第 2 题：

```
Option Explicit
Private Sub Command1_Click()
     Image1.Picture = LoadPicture(App.Path + "\p11.gif")
     Image2.Picture = LoadPicture(App.Path + "\p12.gif")
End Sub
Private Sub Image1_Click()
     Image1.Picture = LoadPicture()
End Sub
Private Sub Image2_Click()
     Image2.Picture = LoadPicture()
```

```
End Sub
Option Explicit
```

第 3 题：

```
Option Explicit
Private Sub Form_Load()
    Text1.PasswordChar = "#"
End Sub
Private Sub Command1_Click()
    If Text1.Text = "ABC123" Or Text1.Text = "abc123" Then
        MsgBox "身份正确！", , "提示信息"
    Else
        MsgBox "身份错误！", , "提示信息"
    End If
    Text1.Text = ""
    Text1.SetFocus
End Sub
```

第 4 题：

```
Private Sub Command1_Click()
    Dim c1, c2
    If Check1.Value = 1 Then c1 = Check1.Caption
    If Check2.Value = 1 Then c2 = Check2.Caption
    Text1.Text = "我参加:" & c1 & c2 & "比赛"
End Sub
Private Sub Command2_Click()
    End
End Sub
```

第 5 题：

```
Private Sub Form_Load()
    List1.AddItem "计算机"
    List1.AddItem "微积分"
    List1.AddItem "管理学"
End SubPrivate Sub List1_Click()
    List1.AddItem List1.Text
End Sub
```

第 6 题：

```
Private Sub Form_Load()
    Timer1.Enabled = True
    Timer1.Interval = 1000
End SubPrivate Sub Timer1_Timer()
    If Label1.Top <= 0 Then
        Label1.Top = Form1.Height - Label1.Height
    Else
        Label1.Top = Label1.Top - 50
    End If
End Sub
```

第 7 题：

窗体加载过程：

```
Private Sub Form_Load()
```

```
    L1.AddItem "金融系"
    L1.AddItem "会计系"
    L1.AddItem "财政系"
    Text1.TabIndex = 0
End Sub
Private Sub C1_Click()
    L1.AddItem Text1.Text
    Text1.Text = ""
    Text1.SetFocus
End Sub
Private Sub L1_Click()
    L1.RemoveItem L1.ListIndex
    Text1.SetFocus
End Sub
```

第8题：

```
Private Sub Op1_Click()
    Label1.Caption = "伟大诗人"
End Sub
Private Sub Op2_Click()
    Label1.Caption = "科学家"
End Sub
Private Sub Op3_Click()
    Label1.Caption = "民族英雄"
End Sub
Private Sub C2_Click()
    End
End Sub
```

第9题：

```
Private Sub Form_Click()
    Dim i as Integer
    For i=50 To 100
        If i Mod 9=0 Then Print i
    Next i
End Sub
```

第10题：

对　象	属性 Name	属性 Caption	属性 Max	属性 Min
窗体	Form1	Form1		
滚动条	VS1		1000	0

```
Private Sub VS1_Change()
    Text1 = VS1.Value
End Sub
```

第15章 综合编程题

1. 编写程序计算某个年份是否为闰年。判断规则为：如果某个年份是 4 的倍数且不是 100 的倍数，该年是闰年；如果某个年份是 100 的倍数，则它必须是 400 的倍数才是闰年。程序运行界面如图 15-1 所示。

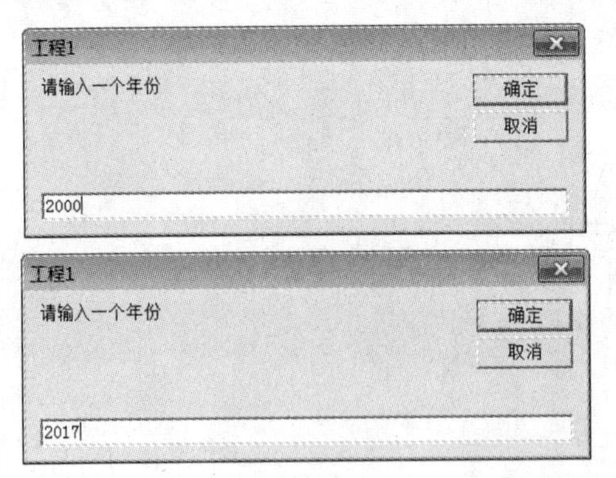

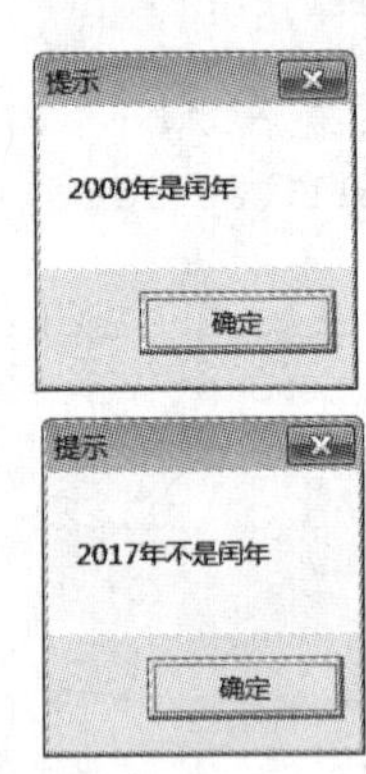

图 15-1　程序运行界面

程序代码为：

```
Private Sub Command1_Click()
   Dim y As Integer
   y = Val(InputBox("请输入一个年份"))
   If y Mod 4 = 0 And y Mod 100 <> 0 Or y Mod 400 = 0 Then
      MsgBox y & "年是闰年", vbOKOnly, "提示"
   Else
      MsgBox y & "年不是闰年", vbOKOnly, "提示"
   End If
End Sub
```

2. 编写一个对输入字符进行转换的程序：将其中的大写字母转换成小写字母，而小写字母则转换为大写字母，空格不转换，其余字符转换成“#”号。要求每输入一个字符马上就进行判断和转换，程序运行界面如图 15-2 所示。

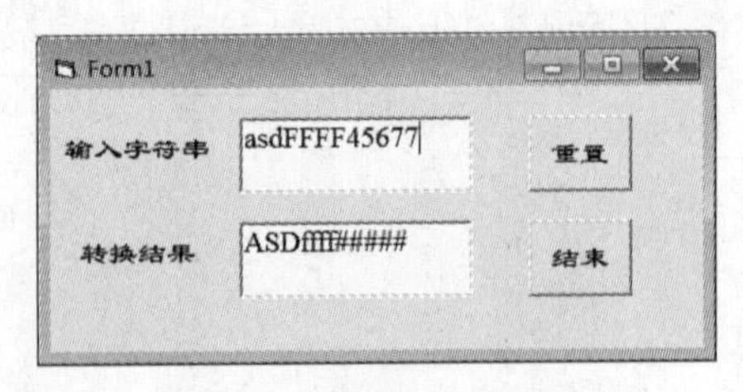

图 15-2　程序运行界面

程序代码为：

```
Option Explicit
Private Sub Command1_Click()
```

```
        Text1.Text = ""
        Text2.Text = ""
    End Sub
    Private Sub Command2_Click()
        End
    End Sub
    Private Sub Text1_KeyPress(KeyAscii As Integer)
        Dim aa As String * 1
        aa = Chr$(KeyAscii)
        Select Case aa
            Case "A" To "Z"
                aa = LCase(aa)
            Case "a" To "z"
                aa = UCase(aa)
            Case " "
                aa = " "
            Case Else
                aa = "#"
        End Select
        Text2.Text = Text2.Text & aa
    End Sub
```

说明：

语句 aa = LCase(aa)可用 aa =Chr$(KeyAscii + 32) 替代；

语句 aa = UCase (aa)aa = Chr$(KeyAscii – 32)可用 aa = Chr$(KeyAscii – 32)替代。

3. 编写程序，用于将用户输入的字符串中位数能被 3 整除位的字符取出组成新字符串，并用消息框输出。程序运行界面如图 15-3 所示。

图 15-3　程序运行界面

程序代码为：

```
Private Sub Command1_Click()
    Dim p As Integer
    Dim y As String, c As String
    y = InputBox("请输入字符串", "取字符")
    p = 1
    Do Until p > Len(y)
        If p Mod 3 = 0 Then c = c & Mid(y, p, 1)
    p = p + 1
    Loop
    MsgBox "新字符串为: " & c, , "新字符串"
End Sub
```

4. 随机产生并输出 30 个 100 以内大于 10 的整数，输出时每 5 个数一行。程序运行界面如图 15-4 所示。

程序代码为：

```
Private Sub Form_Click()
    Dim i As Integer, m As Integer
    Randomize
    i = 0
    Do While i < 30
        m = Rnd * 100
        If m > 10 Then
            Print m;
            i = i + 1
            If i Mod 5 = 0 Then
                Print
            End If
        End If
    Loop
End Sub
```

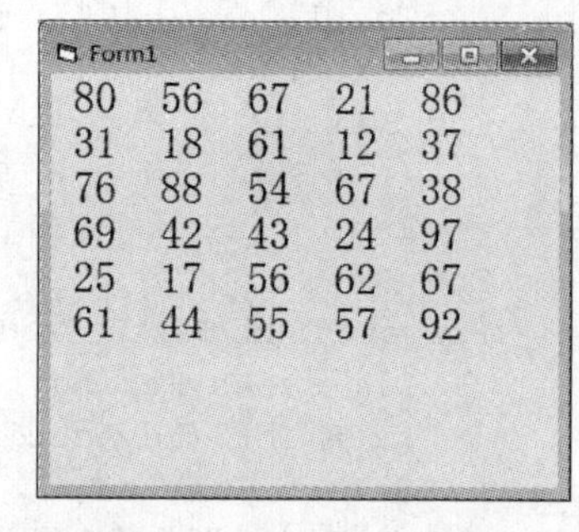

图 15-4　程序运行界面

5. 编写一个程序用来建立一个数组，并通过 Rnd 函数为每个数组元素赋一个 0～99 的整数，然后在窗体上显示所有小于 50 的随机数。

程序代码为：

```
Option Base 1
Dim a(50) As Integer
Private Sub Command1_Click()
    Cls
    Randomize
    j = 0
    For i = 1 To 50
        a(i) = Int(Rnd * 100)
        If a(i) < 50 Then
            If j Mod 8 = 0 Then Print
            Print Space(2); a(i);
            j = j + 1
        End If
    Next
End Sub
```

6. 在窗体上有两个列表框，“教室编号 A”列表框中已存入教室编号，“教室编号 B”列表框为空。 如果单击“正序移动”按钮，则将“教室编号 A”中的数据，按原来的顺序添加到“教室编号 B”中，同时将“教室编号 A”列表框清空。程序运行界面如图 15-5 所示。

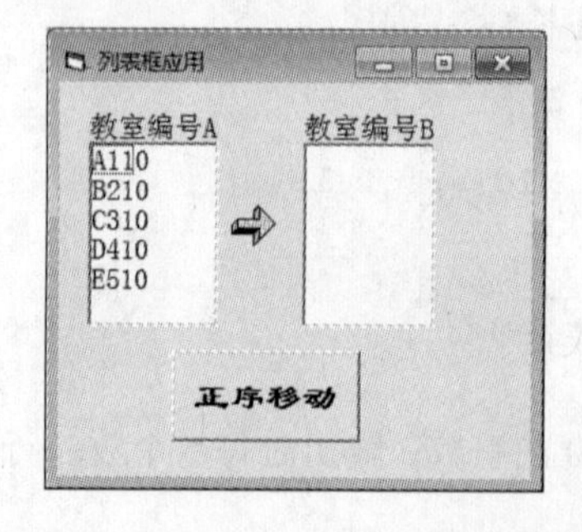

图 15-5　程序运行界面

程序代码为：

```
Option Explicit
Private Sub Command1_Click()
   Dim n As Integer, i As Integer
   n = List1.ListCount
   For i = 0 To n - 1 Step 1
      List2.AddItem List1.List(i)
   Next i
   List1.Clear
End Sub
```

7. 在窗体中添加 1 个图片框和 3 个命令按钮，在当前文件夹下有 3 幅图片 pic1.jpg、pic2.jpg、pic3.jpg。利用计时器控件使得每间隔 1s 图像框中的图片依次轮流显示一次，程序设计及运行界面如图 15-6 所示。

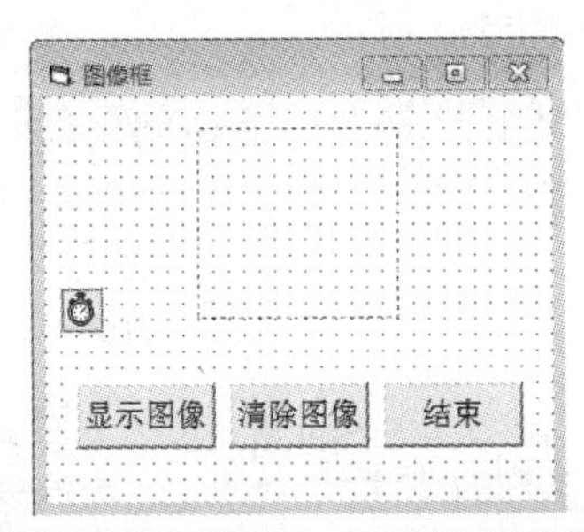

图 15-6　程序设计及运行界面

程序代码为：

```
Option Explicit
Dim S1 As String, S2 As String, S3 As String, S4 As String
Private Sub Form_Load()
    S1 = App.Path + "\pic1.jpg"
    S2 = App.Path + "\pic2.jpg"
    S3 = App.Path + "\pic3.jpg"
    Timer1.Interval = 1000
End Sub
Private Sub Command1_Click()
    Timer1.Enabled = True
End Sub
Private Sub Command2_Click()
     Image1.Picture = LoadPicture()
     Timer1.Enabled = False
End Sub
```

```
Private Sub Timer1_Timer()
    S4 = S3
    S3 = S2
    S2 = S1
    S1 = S4
    Image1.Picture = LoadPicture(S2)
End Sub
Private Sub Command3_Click()
    End
End Sub
```

8. 在窗体上有 2 个列表框，名称为 List1、List2，1 个命令按钮，名称为 C1，标题为“复制”。要求程序运行后，在 List1 中自动建立 6 个列表项，分别为“北京市”“上海市”“天津市”“重庆市”“南京市”和“杭州市”。当从列表框中选择一项或多项后，则单击“复制”按钮时，即将选定的项复制到列表框 List2 中，程序运行界面如图 15-7 所示。

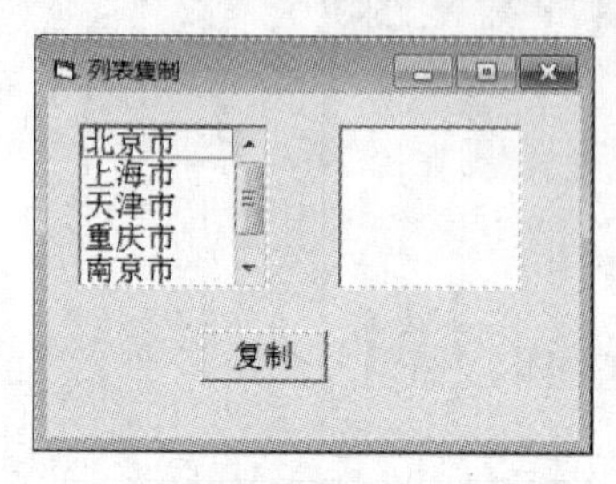

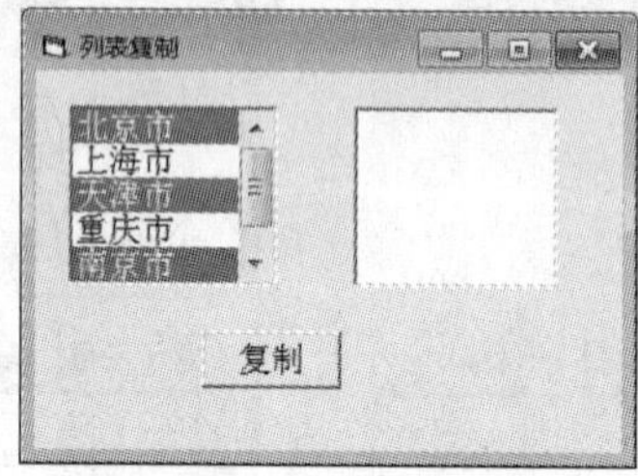

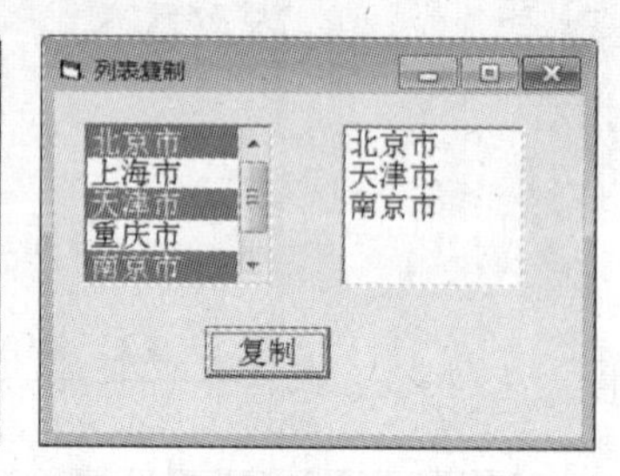

图 15-7　程序运行界面

说明：本题既可以一次从 List1 中复制一项，也可以复制多项，被复制的项可以是连续的，也可以是不连续的，因此，必须在属性窗口中将 List1 的 Multiselect 属性设置为 2。

程序代码为：

```
Option Explicit
Private Sub Form_Load()
   List1.AddItem ("北京市")
   List1.AddItem ("上海市")
   List1.AddItem ("天津市")
   List1.AddItem ("重庆市")
   List1.AddItem ("南京市")
   List1.AddItem ("杭州市")
End Sub
Private Sub C1_Click()
   Dim i As Integer
   If List1.SelCount = 0 Then Exit Sub
   If List1. SelCount = 1 Then
     List2.AddItem List1.Text
   Else
     For i = 0 To List1.ListCount - 1
        If List1.Selected(i) Then
          List2.AddItem List1.List(i)
        End If
     Next i
   End If
```

```
End Sub
```

9. 在窗体上设有 2 个列表框 List1 和 List2 以及 2 个命令按钮，在列表框 List1 中允许同时选择多个项目。程序运行时，在 List1 中选中所需要的列表项，单击“移动”按钮，则所选列表项按原顺序移到 List2 中，单击“结束”按钮则结束该程序的运行。程序运行界面如图 15-8 所示。

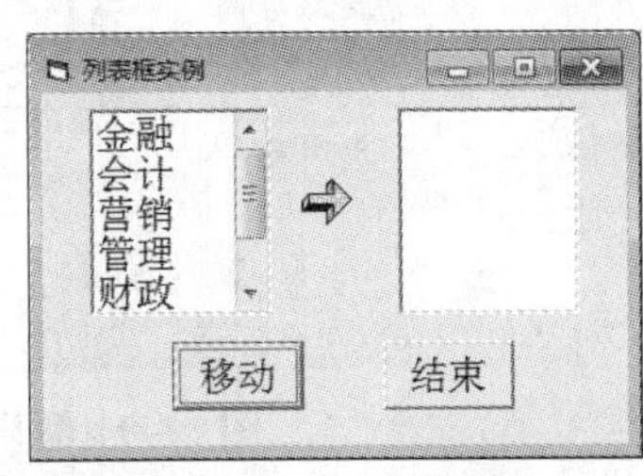

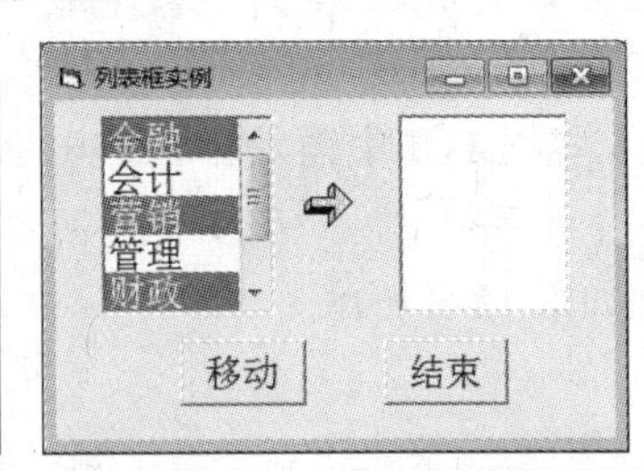

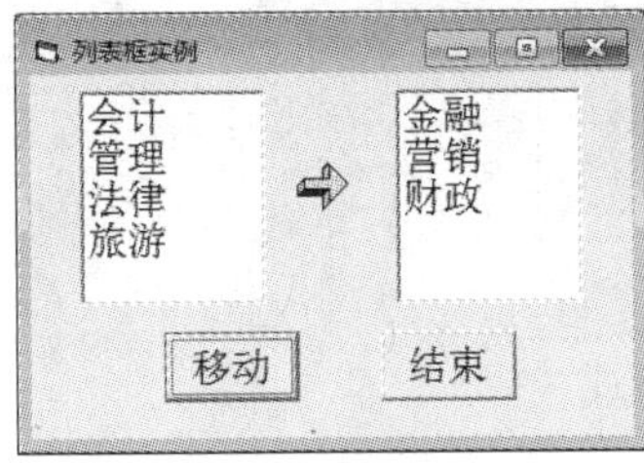

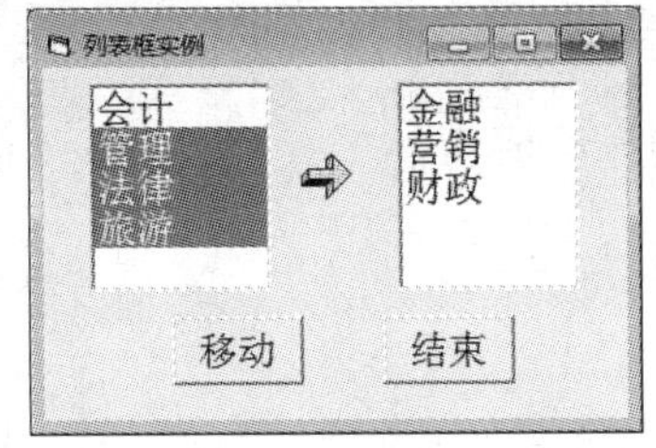

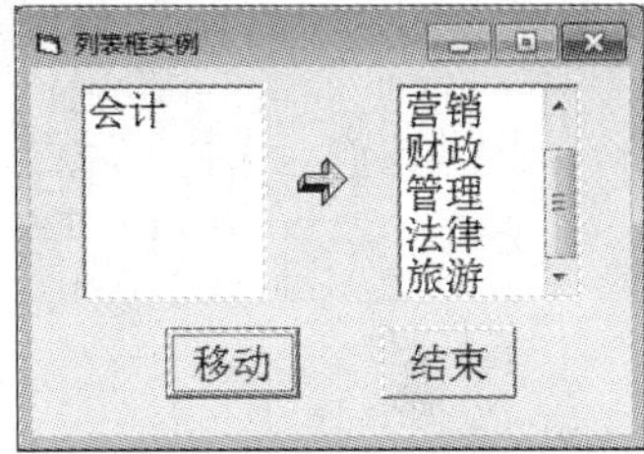

图 15-8　程序运行界面

程序代码为：

```
Option Explicit
Private Sub Form_Load()
   With List1
       .AddItem ("金融")
       .AddItem ("会计")
       .AddItem ("营销")
       .AddItem ("管理")
       .AddItem ("财政")
       .AddItem ("法律")
       .AddItem ("旅游")
   End With
End Sub
Private Sub Command1_Click()
   Dim i As Integer, j As Integer
   If List1.SelCount >= 1 Then
   For i = 0 To List1.ListCount - 1
       If List1.Selected(i) Then
           List2.AddItem List1.List(i)
       End If
   Next i
   For i = List1.ListCount - 1 To 0 Step -1
       If List1.Selected(i) Then
           List1.RemoveItem (i)
       End If
   Next
   End If
End Sub
```

```
Private Sub Command2_Click()
    End
End Sub
```

10. 在窗体上有 2 个标签框；2 个文本框 Text1 和 Text2；2 个命令按钮 Command1 和 Command2。要求编写程序，将用户在文本框 Txt1 中输入的字符串的奇位数字符取出，组成一个新字符串，并在文本框 Text2 中输出。程序运行界面如图 15-9 所示。

图 15-9　程序运行界面

程序代码为：

```
Option Explicit
Private Sub Command1_Click()
    Dim p As Integer, n As Integer
    Dim s1 As String, s2 As String
    s1 = Trim(Text1.Text)
    n = Len(Trim(Text1.Text))
    p = 1
    Do While p <= n
        If p Mod 2 = 1 Then s2 = s2 & Mid(s1, p, 1)
        p = p + 1
    Loop
    Text2.Text = s2
End Sub
Private Sub Command2_Click()
End
End Sub
```

11. 设计一个选课程序，要求程序运行后输入姓名并选择所在系和选修课程，单击“显示清单”按钮，则在信息框中显示选课清单，包括学生的姓名、所在系及所选课程。程序运行界面如图 15-10 所示。

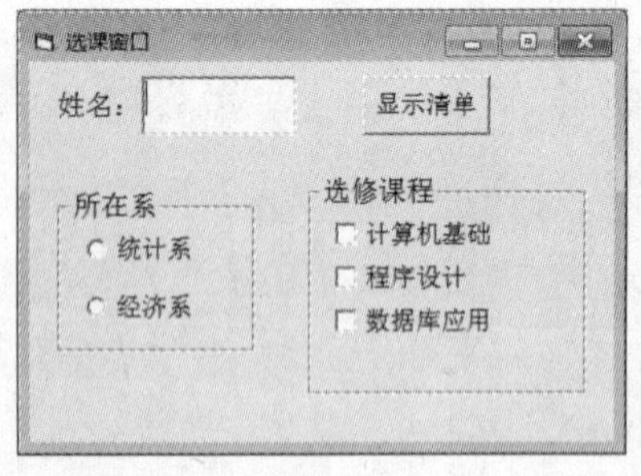

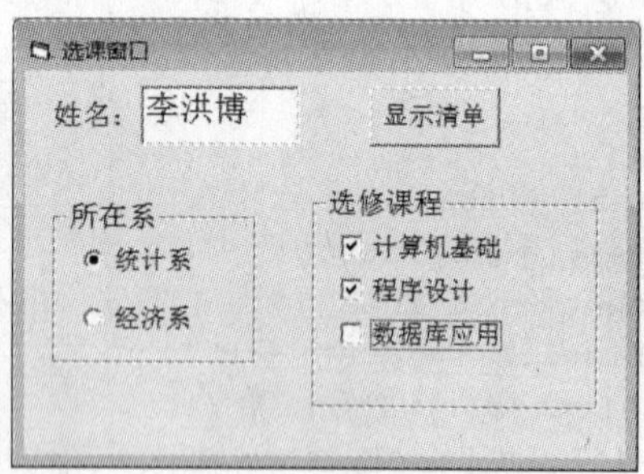

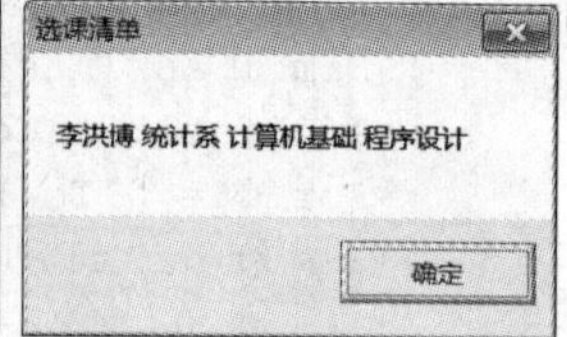

图 15-10　程序运行界面

程序代码为：

```
Option Explicit
Private Sub C1_Click()
    P1.Picture = LoadPicture(App.Path + "\pic1.gif")
End Sub
Private Sub C2_Click()
    P1.Picture = LoadPicture(App.Path + "\pic2.gif")
```

```
End Sub
Private Sub P1_Click()
   P1.Picture = LoadPicture()
End Sub
```

12. 窗体上有 1 个名称为 Text1 的文本框；3 个复选框，名称分别为 Ch1、Ch2 和 Ch3，标题分别为“游泳”“体操”和“滑冰”；2 个命令按钮。要求程序运行后，根据选择显示爱好。例如：只选中 Ch1 和 Ch3，单击“显示”按钮，则在文本框中显示“我喜欢游泳和滑冰”；若 3 个都选中，单击“显示”按钮，则在文本框中显示“我喜欢游泳、体操和滑冰”，程序运行界面如图 15-11 所示。

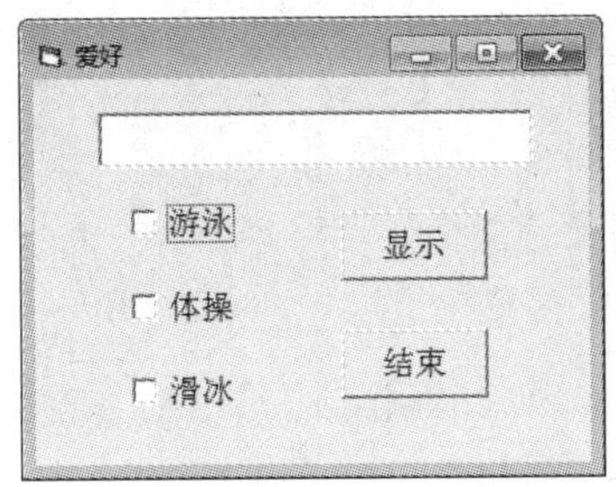

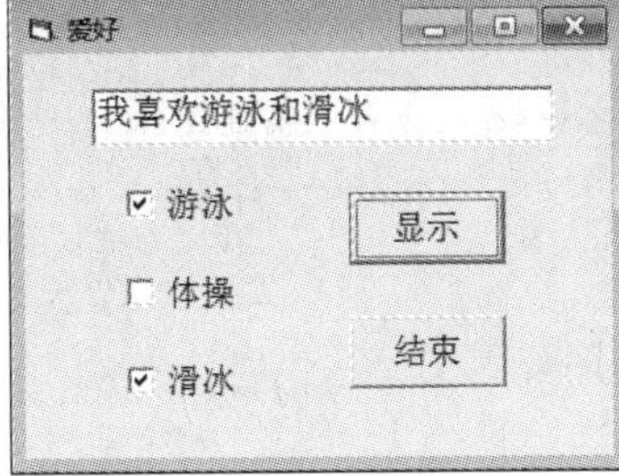

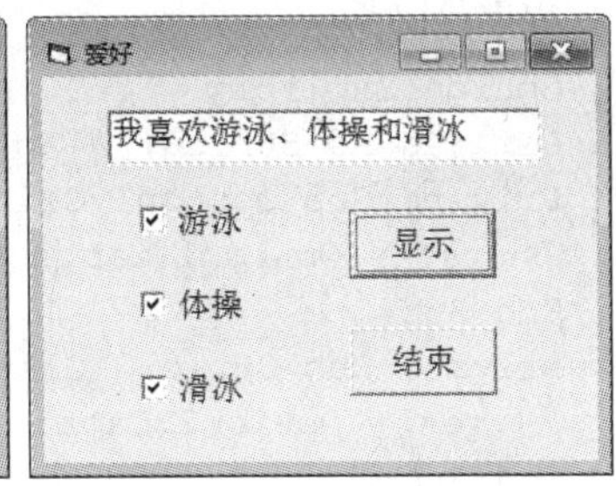

图 15-11　程序运行界面

程序代码为：

```
Option Explicit
Private Sub Command1_Click()
   Text1.Text = ""
   If Ch1.Value = 1 Then
      Text1.Text = Text1.Text + Ch1.Caption
   End If
   If Ch2.Value = 1 Then
      If Text1.Text <> "" Then Text1.Text = Text1.Text + "、"
      Text1.Text = Text1.Text + Ch2.Caption
   End If
   If Ch3.Value = 1 Then
      If Text1.Text <> "" Or Text1.Text <> "" Then
         Text1.Text = Text1.Text + "和" + Ch3.Caption
      Else
         Text1.Text = Ch3.Caption
      End If
   End If
   If Text1.Text <> "" Then
      Text1.Text = "我喜欢" + Text1.Text
   End If
End Sub
Private Sub Command2_Click()
   End
End Sub
```

13. 设计一个选课程序，要求程序运行后输入姓名并选择所在系和选修课程，单击“显示清单”按钮，则在信息框中显示选课清单，包括学生的姓名、所在系及所选课程。程序运行界面如图 15-12 所示。

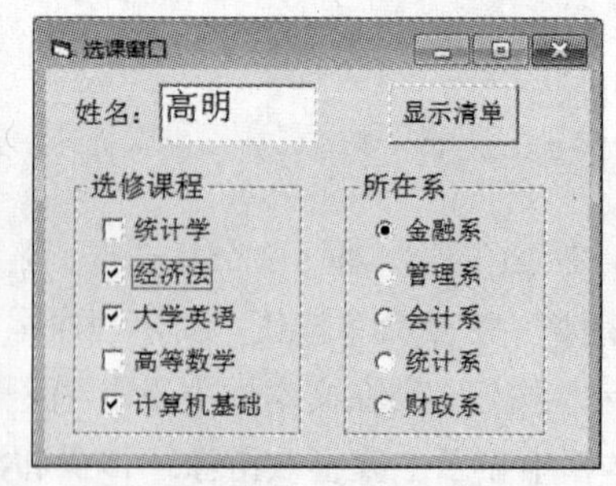

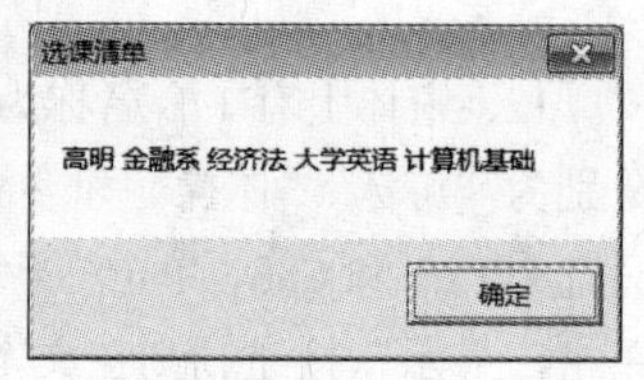

图 15-12　程序运行界面

程序代码为：

```
Option Explicit
Dim res As String, i As Integer, s As String
Private Sub Option1_Click()
   res = Option1.Caption
End Sub
Private Sub Option2_Click()
   res = Option2.Caption
End Sub
Private Sub Option3_Click()
   res = Option3.Caption
End Sub
Private Sub Option4_Click()
   res = Option4.Caption
End Sub
Private Sub Command1_Click()
   res = Text1.Text + " " + res
   If Check1.Value = 1 Then
      res = res + " " + Check1.Caption
   End If
   If Check2.Value = 1 Then
      res = res + " " + Check2.Caption
   End If
   If Check3.Value = 1 Then
      res = res + " " + Check3.Caption
   End If
   If Check4.Value = 1 Then
      res = res + " " + Check4.Caption
   End If
   If Check5.Value = 1 Then
      res = res + " " + Check5.Caption
   End If
   MsgBox res, , "选课清单"
End Sub
```

14. 在窗体上有 1 个文本框、1 个带边框的标签、1 个计时器和 1 个命令按钮。在属性窗口中设置计时器控件的 Enabled 属性为 False、Interval 属性设为 1000；标签的背景色为黄色、前景色为红色。程序运行后，文本框显示时间，黑底白字，不随时间而改变。标签显示文字，黄底红字。单击“开始”按钮后，每隔 1s 文本框中的时间被刷新，标签的前景色和背景色就交换一次。程序运行界面如图 15-13 所示。

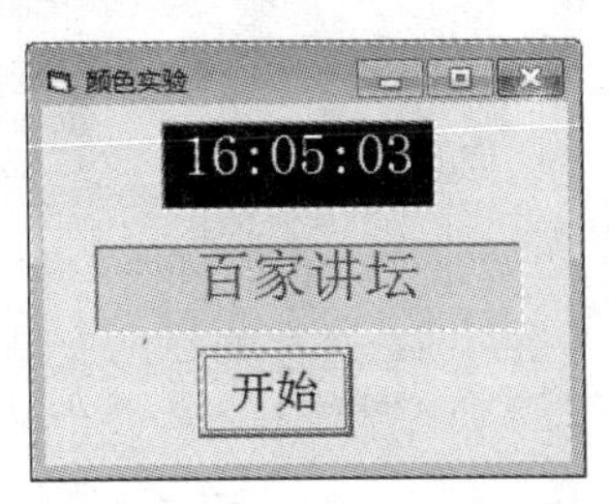

图 15-13 程序运行界面

程序代码为：

```
Private Sub Command1_Click()
    Text1.Alignment = 2
    Text1.FontSize = 10
    Text1.Text = Time
    Text1.BackColor = &H000000
    Text1.ForeColor = &HFFFFFF
    Label1.Alignment = 2
    Label1.FontSize = 10
    Label1.Caption = "百家讲坛"
    Timer1.Enabled = True
End Sub
Private Sub Timer1_Timer()
    Dim a As Long, b As Long, s As Long
    a = Label1.BackColor
    b = Label1.ForeColor
    s = a: a = b: b = s
    Label1.BackColor = a
    Label1.ForeColor = b
    Text1.Text = Time
End Sub
```

15．模拟十字路口信号灯。窗体上放 3 个图像框、1 个水平滚动条、2 个命令按钮、1 个计时器控件。要求程序运行后，初始状态为 3 个灯，单击“开始”按钮，显示第一个灯，其余灯灭。然后，显示第二个灯，其余灯灭，依此类推，三个灯循环显示。每次间隔时间取决于水平滚动条上滚动块的位置。单击“停止”按钮，恢复初始初态。程序运行界面如图 15-14 所示。

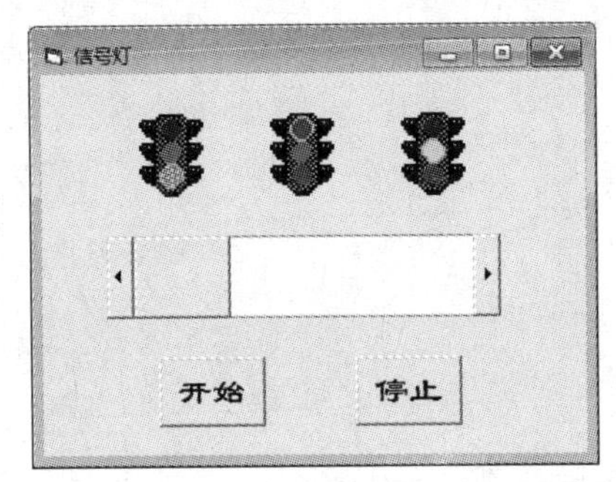

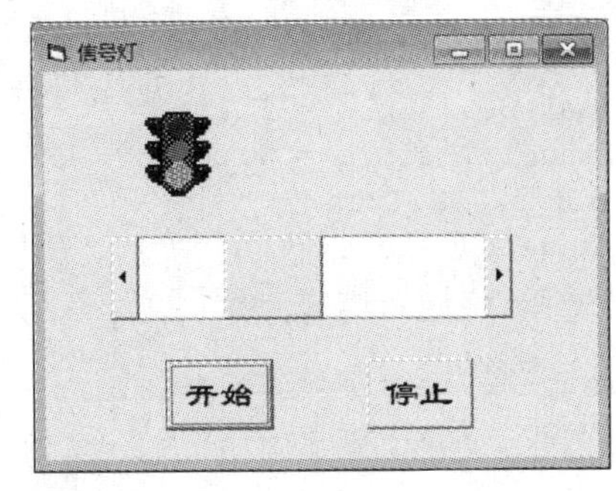

图 15-14 程序运行界面

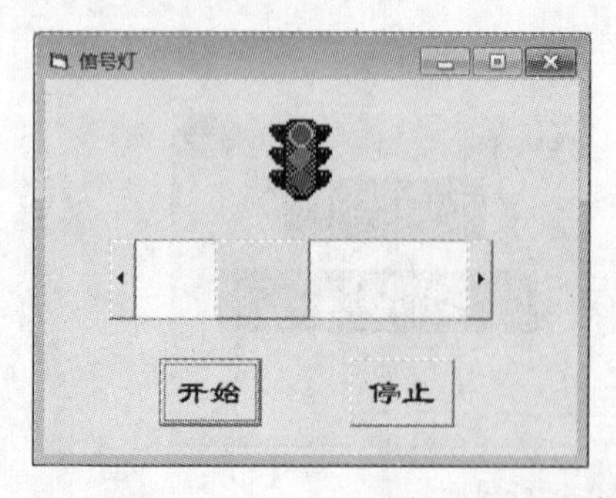

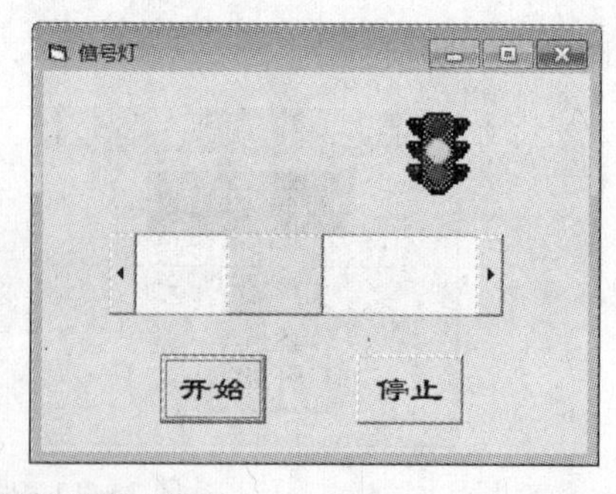

图 15-14　程序运行界面（续）

说明：在属性窗口中设置计时器控件的 Enabled 属性值为 False，设置 3 个图像框的 Stretch 属性值为 True。

程序代码为：

```
Dim s As Integer
Private Sub Form_Load()
  Image1.Picture = LoadPicture(App.Path + "\Trffc10a.ico")
  Image2.Picture = LoadPicture(App.Path + "\Trffc10b.ico")
  Image3.Picture = LoadPicture(App.Path + "\Trffc10c.ico")
  HScroll1.Min = 500
  HScroll1.Max = 1000
  HScroll1.LargeChange = 200
  HScroll1.SmallChange = 100
End Sub
Private Sub Command1_Click()
  Image1.Visible = False
  Image2.Visible = False
  Image3.Visible = True
  Timer1.Interval = 1000 / HScroll1.Value
  Timer1.Enabled = True
End Sub
Private Sub Command2_Click()
  Timer1.Enabled = False
  Image1.Visible = True
  Image2.Visible = True
  Image3.Visible = True
End Sub
Private Sub Timer1_Timer()
  s = s + 1
  If s = 1 Then
     Image3.Visible = False
     Image1.Visible = True
  ElseIf s = 2 Then
     Image1.Visible = False
     Image2.Visible = True
 Else
     Image2.Visible = False
     Image3.Visible = True
 End If
 If s = 3 Then s = 0
 Timer1.Interval = HScroll1.Value
```

```
End Sub
```

16. 窗体上放 1 个图像框和 1 个计时器控件。图像框 Image1 用来放置飞行器。要求程序运行后，飞行器从窗体右下角向左上角飞行，当超出窗体边界时回到右下角继续飞行，周而复始。程序运行界面如图 15-15 所示。

图 15-15　程序运行界面

程序代码为：

```
Dim x, y
Private Sub Form_Load()
   Timer1.Interval = 500
   Image1.Left = Form1.Width
   Image1.Top = Form1.Height
   x = Image1.Left
   y = Image1.Top
End Sub
Private Sub Timer1_Timer()
   x = x - 30
   y = y - 30
   If x > 0 And y > 0 Then
      Image1.Left = x
      Image1.Top = y
   Else
      Image1.Left = Form1.Width
      Image1.Top = Form1.Height
      x = Image1.Left
      y = Image1.Top
   End If
End Sub
```

17. 创建一个有 2 个文本框和 2 个单选按钮的应用程序。用户在一个文本框中输入数字 n，另一个文本框根据选中的单选按钮来显示 n 的平方根或立方根。要求：当用户输入非数字字符时用 MsgBox 函数或语句给出提示信息。程序运行界面如图 15-16 所示。

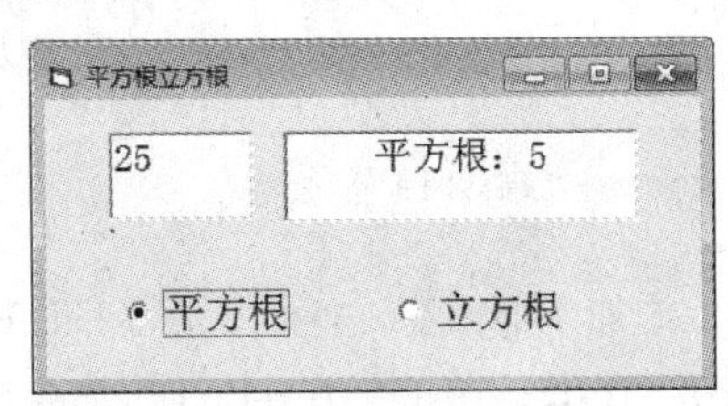

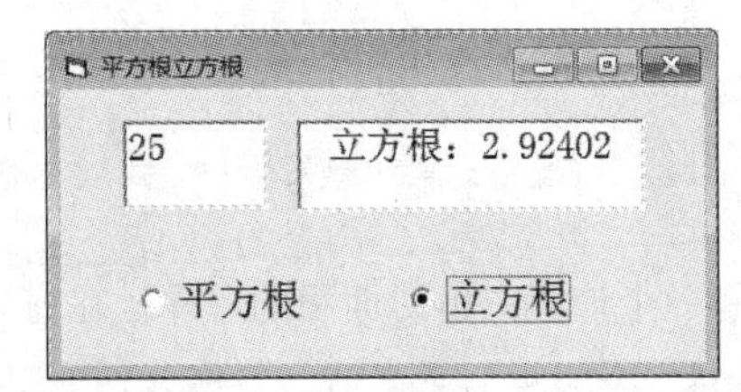

图 15-16　程序运行界面

程序代码为：

```
Private Sub Option1_Click()
   If Trim(str(Val(Text1.Text))) <> Trim(Text1.Text) Then
      MsgBox "包含有非数字字符", 48, "输入错"
      Option1.Value = False
      Exit Sub
   End If
   Text2.Text ="平方根: " & Round(Sqr(Val(Text1.Text)), 5)
End Sub
Private Sub Option2_Click()
   Dim s As Long, k As Integer
   If Trim(str(Val(Text1.Text))) <> Trim(Text1.Text) Then
      MsgBox "包含有非数字字符", 48, "输入错"
      Option2.Value = False
      Exit Sub
   End If
   Text2.Text = "立方根: " & Round(Val(Text1.Text) ^ (1/3), 5)
End Sub
```

18. 窗体上有 1 个标签 Label1 和 1 个命令按钮 Command1。单击按钮时，通过 InputBox 输入一个正整数 n，然后计算 $1+\frac{1}{3}+\frac{1}{5}+\cdots+\frac{1}{2n-1}$之和，计算结果显示在 Label1 中。若用户输入的 n 值为零或负数，用 MsgBox 显示“无效数据”，并结束该事件过程。程序运行界面如图 15-17 所示。

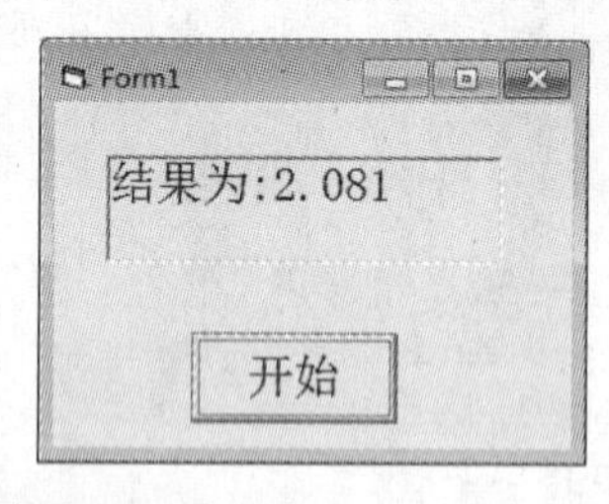

图 15-17　程序运行界面

程序代码为：

```
Private Sub Command1_Click()
    Dim n As Integer, i As Integer, sum As Double
    n = Val(InputBox("请输入整数 n"))
    If n <= 0 Then
       MsgBox "无效数据"
       Exit Sub
    End If
    For i = 1 To n
       sum = sum + 1 / (2 * i - 1)
    Next
    Label1.Caption = "结果为:" & Format(sum, "##.###")
End Sub
```

19. 编写一个计算三角形面积的程序。在窗体上添加 4 个标签，名称分别为 Label1、Label2、Label3、Label4，添加 4 个文本框，名称分别为 Text1、Text2、Text3、Text4，1 个命令按钮，名称为 Command1。编写事件过程，在 Text1、Text2、Text3 中输入三角形的三条边，单击命令按钮时，计算三角形的面积，并在 Text4 中显示出来。计算公式为：面积= $\sqrt{s(s-a)(s-b)(s-c)}$，其中，s=(a+b+c)/2。程序运行界面如图 15-18 所示。

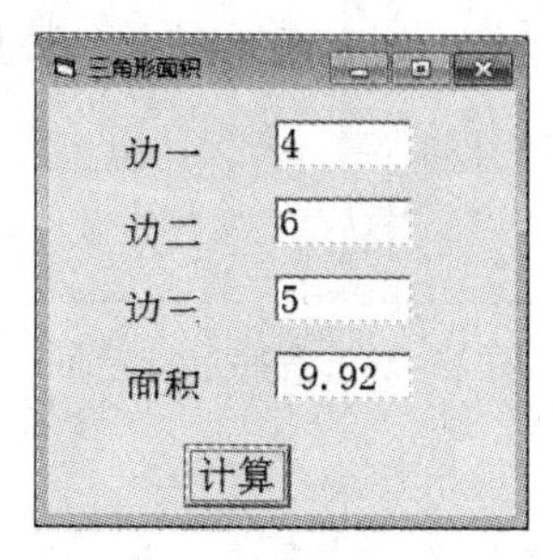

图 15-18　程序运行界面

程序代码为：

```
Private Sub Form_Load()
    Text4.Locked = True
End Sub
Private Sub Command1_Click()
   Dim a As Single, b As Single, c As Single
   Dim s As Single, area As Single
   a = Text1.Text:b = Text2.Text
   c = Text3.Text:s = (a + b + c) / 2
   area = Sqr(s * (s - a) * (s - b) * (s - c))
   Text4.Text = Str(Round(area, 2))
End Sub
```

20. 随机产生 5 位学生的分数（分数范围 1～100），存放在数组 a 中，以每 5 分一个“#”显示，程序运行界面如图 15-19 所示。

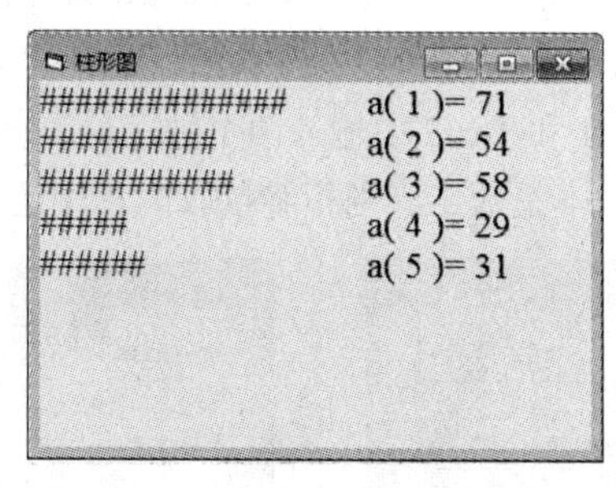

图 15-19　程序运行界面

程序代码为：

```
Private Sub Form_Click()
   Dim a(1 To 5)
   For i = 1 To 5
       a(i) = Int(100 * Rnd + 1)
       Print String(a(i) \ 5, "#"); Tab(25);"a("; i; ")="; a(i)
   Next i
End Sub
```

21. 创建一个应用程序，用户通过选择滚动条滑块的位置来获得一个数字，然后计算该选定值的阶乘。例如，若用户选中了 7（显示在滚动条左边文本框中），程序做如下运算：

7*6*5*4*3*2*1=5040。然后将结果显示在下边文本框中。程序运行界面如图 15-20 所示。

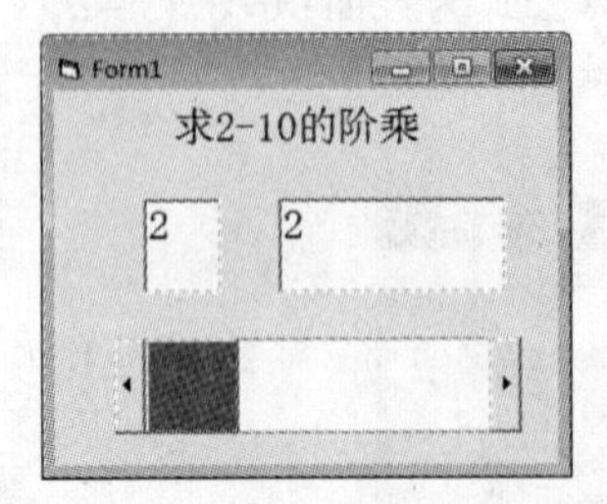

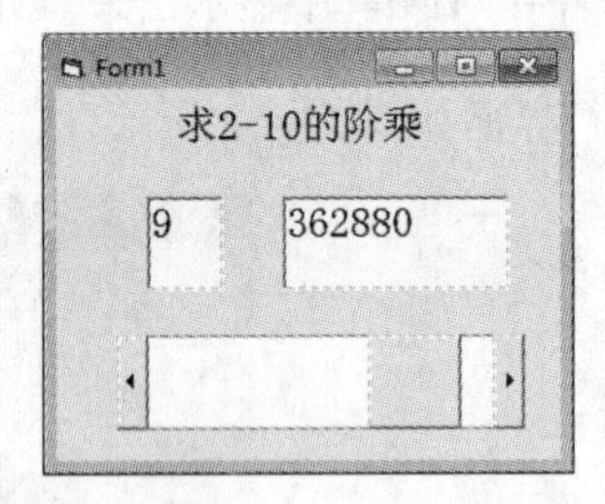

图 15-20　程序运行界面

程序代码为：

```
Private Sub Form_Load()
  HScroll1.Min = 2
  HScroll1.Max = 10
  HScroll1.SmallChange = 1
  HScroll1.LargeChange = 3
  Text1.Text = HScroll1.Value
End Sub
Private Sub HScroll1_Change()
  Text1.Text = HScroll1.Value
  Dim i As Integer, p As Long
  p = 1
  For i = 1 To Val(Text1.Text)
     p = p * i
  Next i
  Text2.Text = p
End Sub
```

22．在窗体上有 3 个文本框控件 Text1、Text2 和 Text3；含有 6 个命令按钮的控件数组 Command1，标题分别为“加法”“减法”“乘法”“除法”“清零”和“结束”。编写一个微型计算器程序，要求程序运行后，在 Text1 和 Text2 中输入两个数字后，单击按钮显示相应的结果在 Text3 中（保留一位小数）；如果输入的不是数字，则拒绝接收。程序运行界面如图 15-21 所示。

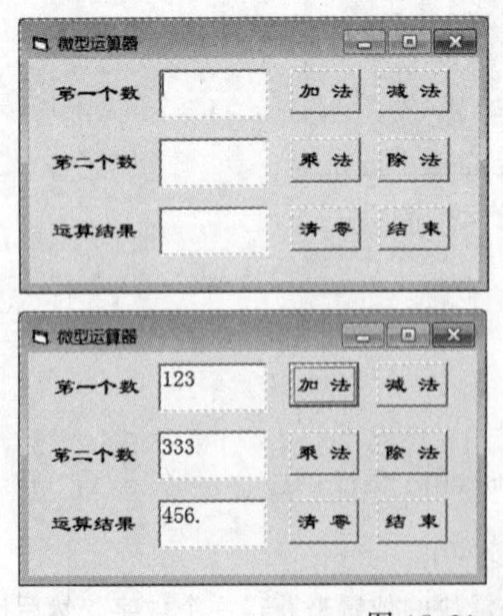

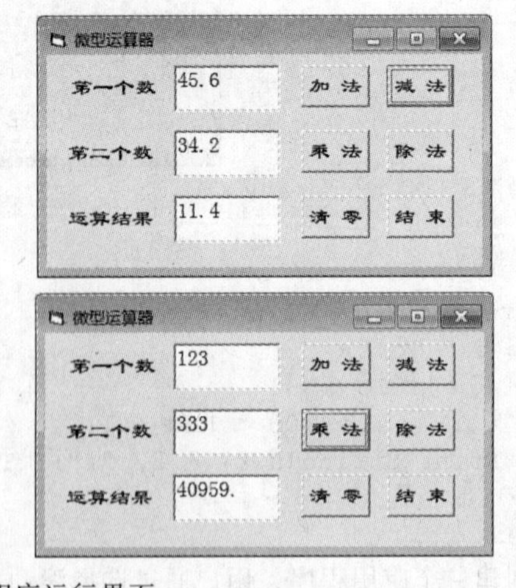

图 15-21　程序运行界面

程序代码为：

```
Option Explicit
Private Sub Command1_Click(Index As Integer)
    Select Case Index
        Case 0
            Text3.Text = Format((Val(Text1.Text) + Val(Text2.Text)), "####.##")
        Case 1
            Text3.Text = Format((Val(Text1.Text) - Val(Text2.Text)), "####.##")
        Case 2
            Text3.Text = Format((Val(Text1.Text) * Val(Text2.Text)), "####.##")
        Case 3
            Text3.Text = Format((Val(Text1.Text) / Val(Text2.Text)), "####.##")
        Case 4
            Text1 = ""
            Text2 = ""
            Text3 = ""
            Text1.SetFocus
        Case 5
            End
    End Select
End Sub
Private Sub Text1_KeyPress(KeyAscii As Integer)
    If KeyAscii = 13 Then
        Text2.SetFocus
    Else
        If (KeyAscii < Asc("0") Or KeyAscii > Asc("9")) And KeyAscii <> 8 And
KeyAscii <> Asc(".") Then
            KeyAscii = 0
        End If
    End If
End Sub
Private Sub Text2_KeyPress(KeyAscii As Integer)
    If KeyAscii = 13 Then
        Command1(0).SetFocus
    Else
        If (KeyAscii < Asc("0") Or KeyAscii > Asc("9")) And KeyAscii <> 8 And
KeyAscii <> Asc(".") Then
            KeyAscii = 0
        End If
    End If
End Sub
```

23. 编写一个程序，通过 Rnd 函数随机产生 10 个两位整数，在窗体上输出，同时将其最大值、最小值及平均值也显示在窗体上。程序运行界面如图 15-22 所示。

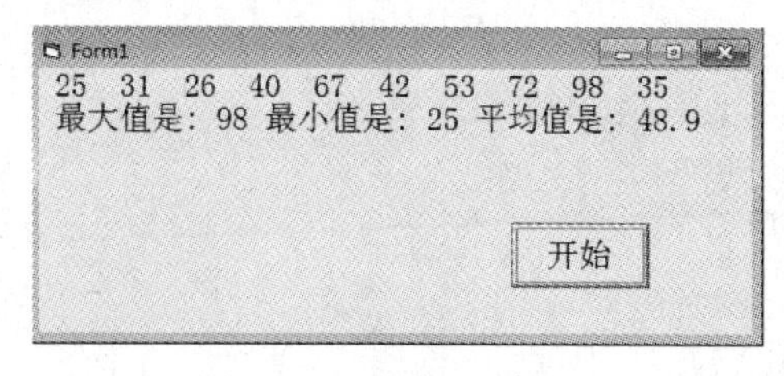

图 15-22　程序运行界面

程序代码为：

```
Option Base 1
Private Sub Command1_Click()
   Dim a(10) As Integer, Max As Integer
   Dim Min As Integer
   Cls
   Randomize
   s = 0
   For i = 1 To 10
      a(i) = 10 + Int(Rnd * 90)
      Print a(i);
      s = s + a(i)
   Next
   Print
   Max = a(1): Min = a(1)
   For i = 2 To 10
      If a(i) > Max Then Max = a(i)
      If a(i) < Min Then Min = a(i)
   Next
   Print " 最大值是:" + Str(Max); " 最小值是:" + Str(Min);
   Print " 平均值是:" + Str(s / 10)
End Sub
```

24．计算 1～N 的平方和，结果显示在窗体上。

程序代码为：

```
Private Sub Form_DblClick()
   Dim t As Integer, i As Integer
   Dim sum As Double
   n = InputBox("请输入一个整数: ")
   For i = 1 To n
      sum = sum + i * i
   Next i
   Print "从 1 到" & n & "的平方和为" & sum
End Sub
```

25．计算级数$1-\frac{1}{3!}+\frac{1}{5!}+\frac{1}{7!}+\cdots$的值，要求误差小于 10^{-7}。

程序代码为：

```
Private Sub Form_Click()
  Dim s As Double, m As Long
  Dim k As Long, f As Integer
  m = 1: k = 1: f = 1
  Do While True
    m = m * k
    If 1 / m < 1e-7 Then Exit Do
    If k Mod 2 = 1 Then
      s = s + 1 / m * f
      f = f * -1
    End If
    k = k + 1
  Loop
```

```
  Print "1-1/3!+1/5!-1/7!+…="; s
End Sub
```

26. 求$1+\frac{1}{3^2}+\frac{1}{5^2}+\frac{1}{7^2}+\cdots+\frac{1}{(2n-1)^2}$之和，将结果在窗体上显示出来。若 n=9，程序运行界面如图 15-23 所示。

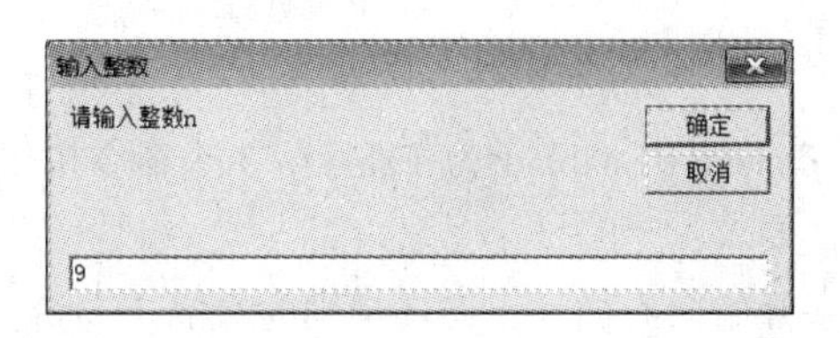

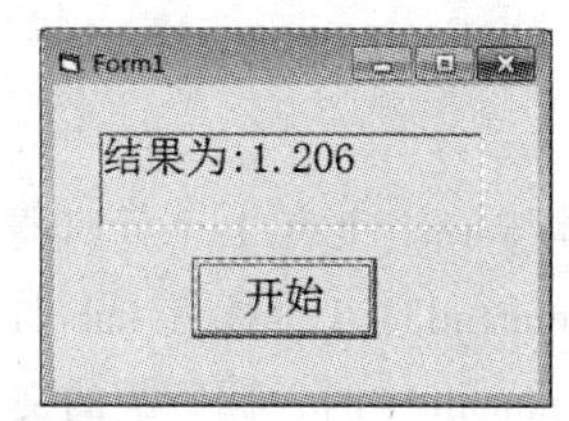

图 15-23　程序运行界面

程序代码为：

```
Private Sub Command1_Click()
   Dim n As Integer, i As Integer, sum As Double
   n = Val(InputBox("请输入整数 n", "输入整数"))
   If n <= 0 Then
      MsgBox "无效数据"
      Exit Sub
   End If
   For i = 1 To n
      sum = sum + 1 / (2 * i - 1) ^ 2
   Next
   Label1.Caption = "结果为:" & Format(sum, "##.###")
End Sub
```

27. 编写程序，要求单击命令按钮 Command1 时在窗体 Form1 上打印 10 个随机三位整数，并通过消息框（MsgBox）显示 10 个数中的最大值，程序运行界面如图 15-24 所示。

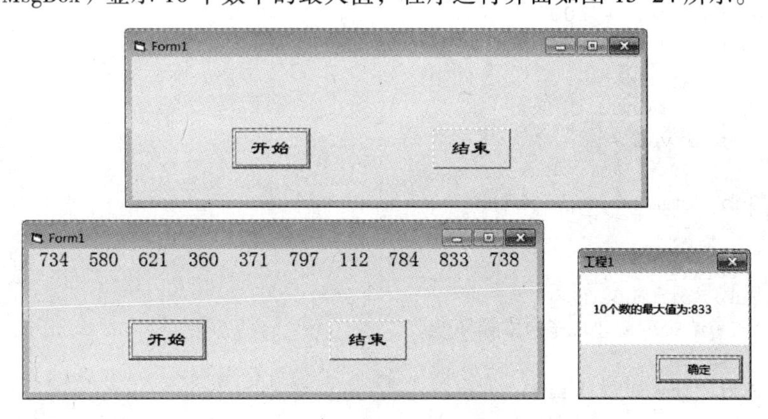

图 15-24　程序运行界面

程序代码为：

```
Private Sub Command1_Click()
   Dim a(1 To 10) As Integer
   Dim i As Integer, max As Integer
   Randomize
   For i = 1 To 10
```

```
        a(i) = 100 + Int(Rnd * 900)
        Print a(i);
        If a(i) > max Then max = a(i)
    Next i
    MsgBox "10个数的最大值为:" & max
End Sub
Private Sub Command2_Click()
    End
End Sub
```

28. 在窗体 Form1 上有 1 个计时器 Timer1（Enabled 为 False），3 个命令按钮 Command1、Command2、Command3，1 个标签 Label1，要求：

① 单击 Command1 时，标签上的文字开始向右循环，循环规则为每隔 1s 标签最右侧的 1 个字被移动到最左边；

② 单击 Command2 时，标签上的文字停止循环；

③ 单击 Command3 时，程序结束。

程序运行界面如图 15-25 所示。

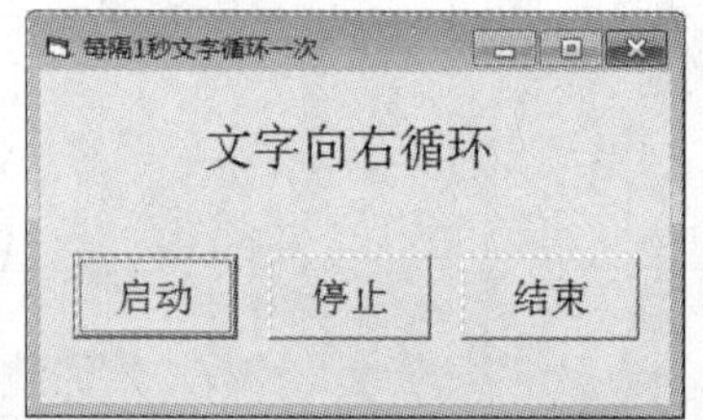

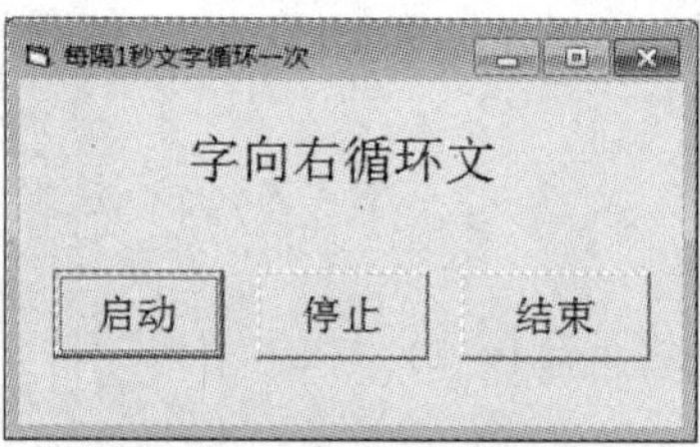

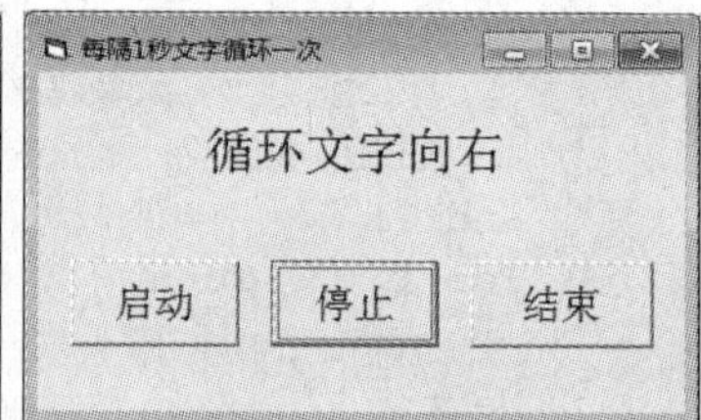

图 15-25　程序运行界面

程序代码为：

```
Private Sub Command1_Click()
   Timer1.Interval = 1000
   Form1.Caption = "每隔1秒文字循环一次"
End Sub
Private Sub Command2_Click()
   Timer1.Interval = 0
End Sub
Private Sub Command3_Click()
    End
End Sub
Private Sub Form_Load()
   Label1.Caption = "文字向右循环"
End Sub
Private Sub Timer1_Timer()
    Dim s As String
    s = Right(Label1.Caption, 1)
    Label1.Caption = s & Left(Label1.Caption, Len(Label1.Caption) - 1)
End Sub
```

29. 用随机函数 Rnd 产生 10～99 范围内的 16 个随机整数，放在数组 a(4,4) 中并在图片框 Picture1 中显示出来；然后再将其转置放在数组 b(4,4) 中，并在图片框 Picture2 中显示出来。数组下界均为 1。程序运行界面如图 15-26 所示。

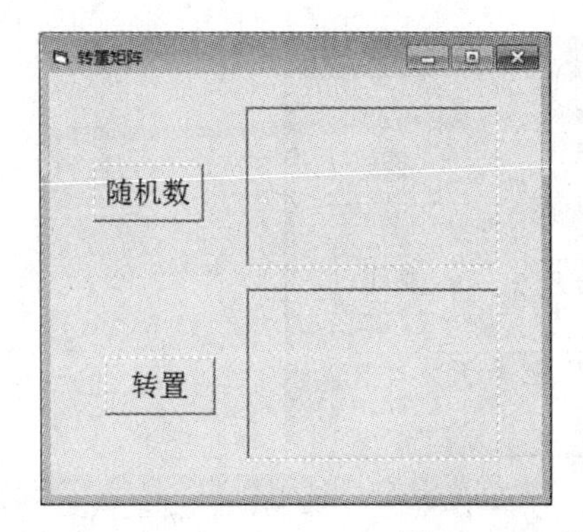

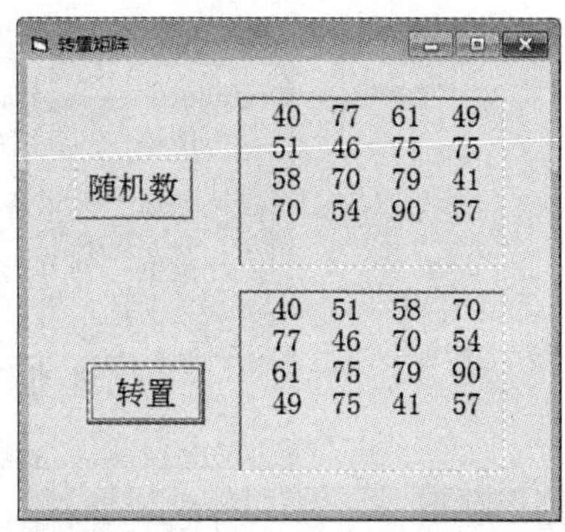

图 15-26　程序运行界面

程序代码为：

```
Option Base 1
Dim a(4, 6) As Integer, b(6, 4) As Integer
Private Sub Command1_Click()
  Dim i As Integer, j As Integer
  Randomize
  For i = 1 To 4
     For j = 1 To 6
        a(i, j) = 10 + Int(90 * Rnd)
        Picture1.Print a(i, j);
     Next j
     Picture1.Print
  Next i
End Sub
Private Sub Command2_Click()
  Dim i As Integer, j As Integer
  For i = 1 To 4
     For j = 1 To 6
        b(j, i) = a(i, j)
     Next j
  Next i
  For i = 1 To 6
     For j = 1 To 4
        Picture2.Print b(i, j);
     Next j
     Picture2.Print
  Next i
End Sub
```

30. 在窗体上有 3 个单选按钮、3 个复选框和 1 个文本框。在文本框中输入正文，单击“确定”按钮后，便根据选项来设置正文的字体和字形。程序运行界面如图 15-27 所示。

程序代码为：

```
Private Sub Form_Load()
Text1.Text = "飞流直下三千尺"
  Text1.FontSize = 20
  Option2.Value = True
End Sub
```

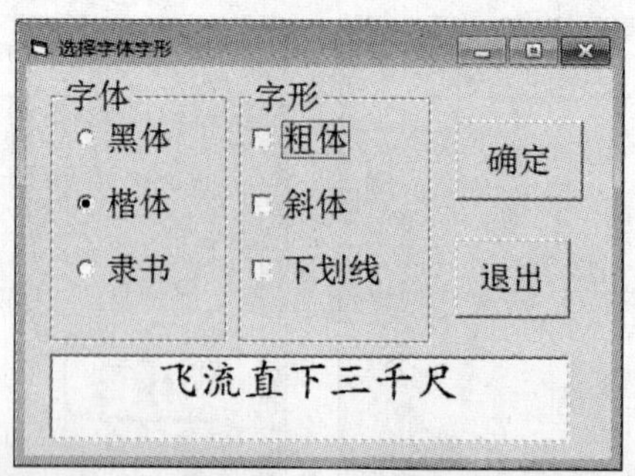

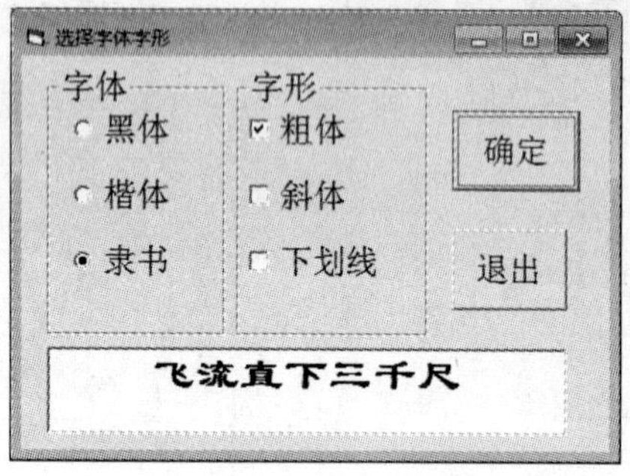

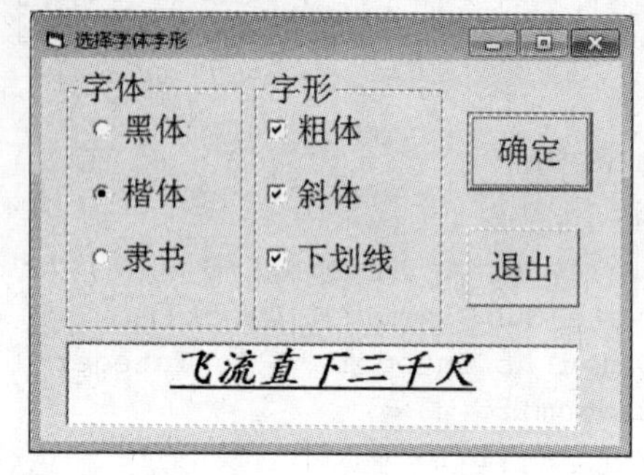

图 15-27　程序运行界面

```
Private Sub Command1_Click()
   If Option1 Then
     Text1.FontName = "黑体"
     ElseIf Option2 Then
     Text1.FontName = "楷体_GB2312"
     ElseIf Option3 Then
     Text1.FontName = "隶书"
   Else
Text1.FontName = "宋体"
   End If
   If Check1 Then
     Text1.FontBold = True
   Else
     Text1.FontBold = False
   End If
   If Check2 Then
     Text1.FontItalic = True
   Else
     Text1.FontItalic = False
   End If
   If Check3 Then
     Text1.FontUnderline = True
   Else
     Text1.FontUnderline = False
   End If
End Sub
Private Sub Command2_Click()
   End
End Sub
```

模拟试卷一

一、单项选择题（30%）

1. Visual Basic 是一种面向对象的______。

A. 操作系统　　B. 数据库

C. 编程工具　　D. 杀毒软件

2. 使用 Visual Basic 开发的源程序被组织为一个______。

A. 工程　　B. 窗体

C. 模块　　D. 控件

3. Visual Basic 窗体文件的扩展名为______。

A. .vbp　　B. .frm

C. .bas　　D. .cls

4. 下列 Visual Basic 控件中，可用于用户输入文本的是______。

A. CommandButton　　B. OptionButton

C. CheckBox　　D. TextBox

5. 下列 Visual Basic 控件中，可用于显示图片的是______。

A. TextBox　　B. Label

C. PictureBox　　D. Timer

6. Visual Basic 语句 Print 5 * 5 \ 5 / 5 Mod 4 的输出结果是______。

A. 25　　B. 5

C. 1　　D. 0

7. 按【Tab】键时，焦点在控件间按一定的顺序移动。决定焦点移动顺序的控件属性是______。

A. Index　　B. TabIndex

C. Default　　D. Tabstop

8. 以下 Visual Basic 程序段中语句 Print i*j 的执行次数是______。

```
For i=1 To 3
    For j = 5 To 1 Step -1
        Print i*j
    Next j
Next I
```

A. 14　　B. 10

C. 15　　D. 8

9．Visual Basic 中对象的三要素不包括______。

A．属性　　B．事件
C．窗体　　D．方法

10．下列 Visual Basic 表达式中，不能表示“a 不等于 b”关系的是______。

A．a<>b　　B．a><b
C．Not a=b　　D．a≠b

11．已知 x=8，语句 If x>8 Then y= x*2 Else y="x*2"执行后，y 的值为______。

A．16　　B．"x*2"
C．"8*2"　　D．"16"

12．使用 Visual Basic 开发的源程序被组织为一个______。

A．工程　　B．窗体
C．模块　　D．控件

13．命令按钮 CommandButton 的哪个属性可以用于设置、返回按钮上的文字______。

A．Click　　B．Caption
C．Name　　D．Appearance

14．如果只取消窗体的最大化功能，需要把它的一个属性设置为 False，这个属性是______。

A．Enabled　　B．ControlBox
C．MinButton　　D．MaxButton

15．应用程序有两个窗体，如果在运行时想显示第二个窗体 Form2，应使用______语句。

A．Form2.Enabled = True　　B．Load Form2
C．Form2.Visible=False　　D．Form2.Show

16．在窗体 Form1 中有一个命令按钮 Command1，其 Command1_Click( )事件过程如下。程序运行后，单击命令按钮后，Form1 中的内容是______。

```
Private Sub Command1_Click()
    For i = 2 To 10 Step 2
        Print i;
    Next
End Sub
```

A．2　4　6　8　10　　B．4　6　8　10　12
C．2　3　4　5　6　　D．10　8　6　4　2

17．下列 Visual Basic 控件中，______控件没有 Caption 属性。

A．CommandButton　　B．OptionButton
C．CheckBox　　D．TextBox

18．将日期数据赋值给 Date 型变量时，日期数据必须使用______括起来。

A．*　　B．#
C．$　　D．%

19．用于决定命令按钮 CommandButton 运行时是否可见的属性是______。

A．Visible　　B．Enabled
C．Appearance　　D．Cancel

20. 下列哪一项不是图片框所具备的特点______。
A. 图片框可以作为其他控件的容器
B. 图片框可以通过 Print 方法接收文本
C. 图片框比图像框占用更多内存空间
D. 图片框中可以伸展所选图像大小使之适合图片框的大小

21. 下面程序段运行后，显示的结果是______。
```
Dim a
If a Then Print a + "b" Else Print a + "a"
```
A. a　　B. b
C. ab　　D. aa

22. 决定控件在窗体上位置的属性是______。
A. Height 和 Top　　B. Width 和 Left
C. Height 和 Width　　D. Top 和 Left

23. 下列表达式中，能正确表示“x 等于 0 或大于 10”的是______。
A. x=0 And x>10　　B. x=0 Or x>10
C. x=0 || x>10　　D. x=0 Or >10

24. 用于决定计时器控件触发时间间隔的属性是______。
A. Time　　B. Name
C. Interval　　D. Timer

25. 赋值语句 A=123+MID(“123456”,3,2) 执行后，变量 A 的值是______。
A. “12334”　　B. 123
C. 12334　　D. 157

26. 在 Visual Basic 集成开发环境中，可用于修改窗体名称的窗口是______。
A. 工程资源管理器窗口　　B. 属性窗口
C. 控件箱　　D. 立即窗口

27. 已知程序中有如下代码，运行后 Text1 编辑框中数字的个数为______。
```
Text1.Text = ""
For x = 10 To 6 Step -2
    For y = 1 To x / 2 Step 4
       Text1.Text = Text1.Text & y & ""
    Next y
Next x
```
A. 3　　B. 4
C. 5　　D. 6

28. 已知窗体上有 1 个编辑框 txtName、1 个按钮 cmdBold，在 cmdBold_Click()事件中有如下代码：txtName.FontBold=Not txtName.FontBold，其作用是______。
A. 每次单击按钮时，将编辑框的字体设为粗体
B. 每次单击按钮时，将编辑框的字体设为正常体
C. 每次单击按钮时，将编辑框的字体设为斜体
D. 每次单击按钮时，如果编辑框的字体为粗体，则设为正常体，否则设为粗体

29. 为了把焦点移到某个指定的控件，所使用的方法是______。

A. SetFocus　　B. Visible

C. Enabled　　D. GotFocus

30. 已知 Label1 为标签控件，语句 Label1.Caption=" Red " 的作用是______。

A. 将 Label1 的背景颜色设为红色

B. 将 Label1 的前景颜色设为红色

C. 将 Label1 的图片颜色设为红色

D. 让 Label1 标签上显示文本 Red

二、填空题（20%）

1. Visual Basic 中应用程序通常由【1】、【2】和【3】三类模块组成。

2. 若要在菜单中设置热键字母（如“文件 F”），需要在菜单项的标题属性设置时，在热键字母前加上一个【4】符号。

3. 所有控件都具有的共同属性是【5】。

4. 菜单控件只包含一个【6】事件。

5. 图像框（Image）控件的【7】属性用于确定其大小是否与所选图像的大小相适应，其取值为 True 或 False。在属性窗口中，设置 Picture 属性可以向图像框中加载图像，也可以在程序运行时调用【8】函数，将图形载入到图像框控件中。

6. 下列代码的功能是：寻找并输出一组数的最大值。请将程序填完全。

```
Option Base 0
Private Sub Command1_Click()
    x = Array(-12, 32, 63, 231, 77, -101)
max = x(0)
    For i = 1 To 5
  If【9】 Then max = x(i)
    Next i
    Print "MAX="; max
End Sub
```

7. 若要设置文本框中所显示的文本颜色，使用的属性是【10】。

8. 函数 Len(Str(55.5))的值是【11】。

9. 列表框 List1 中第 1 个列表项的序号为【12】，最后 1 个列表项的序号为 List1.【13】。

10. Visual Basic 6.0 中，窗体加载时触发的事件是【14】，窗体卸载时触发的事件是【15】。

11. 若要获得滚动条的当前值，可访问的属性是【16】。

12. 以下程序段在单击按钮 Command1 后，经过 5s，变量 s 的值为【17】。

```
Private Sub Command1_Click()
   Timer1.Interval=1000
   Timer1.Enable=True
End Sub
Private Sub Timer1_Timer()
   Dim s As Integer
   s=s*2+1
  End Sub
```

13. 用语句 Dim A(-2 To 2) As Integer 定义数组，其数组元素所占用内存字节数为【18】。

14. 在窗体上添加一个命令按钮，然后编写程序如下（假定变量 x 是一个窗体级变量），程序执行后，单击 command1 命令按钮，变量 x、y 的输出结果分别是【19】和【20】。

```
Option Explicit
Dim x As Integer
Sub inc(a As Integer, ByVal b As Integer)
    x = x + a
    b = a + b
End Sub
Private Sub command1_click()
    Dim y As Integer
    inc 2, y
    inc 3, y
    inc 4, y
    Print x; y
End Sub
```

三、程序改错题（不可增加语句，10%）

1. 执行下面程序，输入 2 个整数 M 和 N（取值为 2~9），则输出一个由井号“#”组成的 M 行 N 列图形。（共有 2 行错误）

```
Private Sub Form_Click()
  Dim m As String, n As Integer, i As Integer, j As Integer
  Cls
  m = Val(InputBox("请输入数字N(2-9)"))
  n = Val(InputBox("请输入数字N(2-9)"))
  For i = 1 To m
      For j = i To n
          Print "#";
      Next j
  Print
  Next i
End Sub
```

2. 执行下面程序，随机产生 15 个大写字母 A~Z（包括 A、Z），存放在数组 s 中，并将其显示在窗体上。（共有 3 行错误）

```
Option Explicit
  Private Sub Form_Click()
      Dim s(1 To 15) As Integer
      Dim n As Integer
      n = 0
      Do While n <= 15
         s(n) = Chr(Int(Rnd * 32 + 97))
  Print s(n);
         n = n + 1
    Loop
End Sub
```

四、简单应用题（20%）

1. 在窗体上有一个名称为 P1 的图片框和两个名称分别为 C1、C2，标题分别为“显示”“清除”的命令按钮。程序运行后，如果单击“显示”按钮，则把当前文件夹中的图形文件 pic1.gif 装入图片框中；如果单击“清除”按钮，则从图片框中清除该图片。(程序中用 App.Path 来指定当前目录。) 运行界面如图 1 所示。

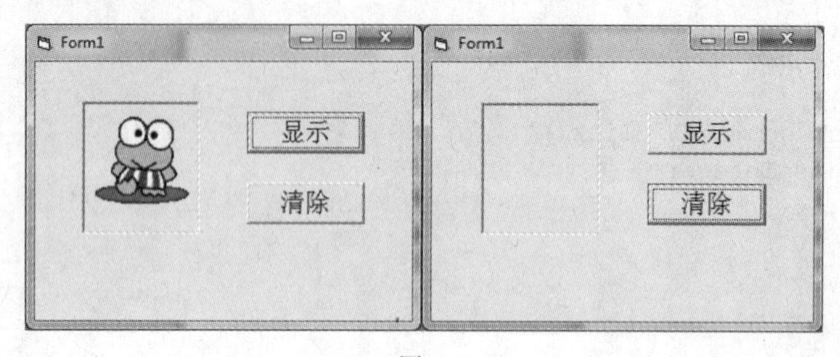

图 1

2. 在名称为 Form1 标题为“国籍”的窗体上有一个单选按钮数组，名称为 OP1，共有四个单选按钮，按顺序其标题分别是“中国”“美国”“英国”“日本”，其中“中国”单选按钮处在选中状态下，下表列出了在设计状态下三个命令按钮的 Name、Caption 及 Index 属性。请填入另一个必须设定的属性及各属性相应的属性值。

对　　象	属性 Name	属性 Caption	属性 Index	属性____
单选按钮 1				
单选按钮 2				
单选按钮 3				
单选按钮 4				

3. 在窗体 Form1 上设置一个列表框，名称为 List1，文本框 Text1 和命令按钮 Command1 各一个。单击命令按钮，文本框中的内容被追加到列表框中，文本框中的内容随即被清除，并把焦点设置到文本框中。单击列表框中的一项，该项被清除。运行界面如图 2 所示。

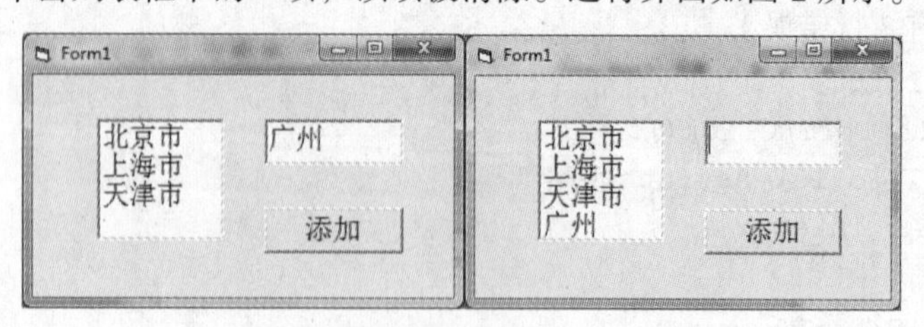

图 2

4. 在名称为 Form1 的窗体上建立一个文本框 Text1 和一个水平滚动条 HScroll1 ，其最大值为 365，最小值为 1，请填入属性及相应的属性值，并编写适当的程序，要求程序运行后，每次移动滚动块时，其对应的值都显示在文本框中。运行界面如图 3 所示。

对　　象	属性 Name	属性____	属性____
窗体			
文本框			
滚动条			

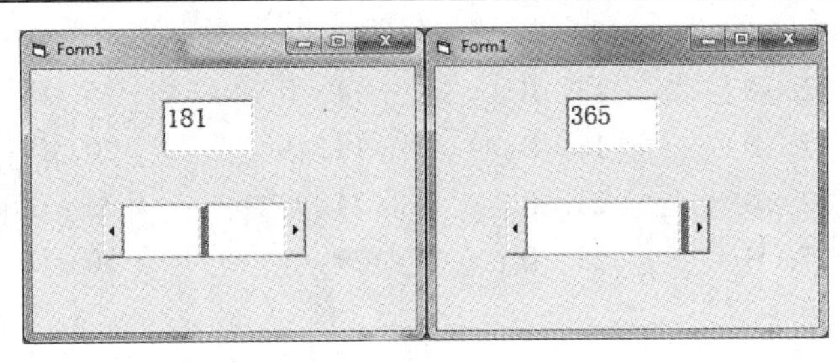

图 3

5. 在窗体 Form1 上有一个命令按钮 Command1 和两个列表框 List1、List2，要求单击 Command1 时将 List1 中所有选项逆序添加到 List2 中，同时清空 List1。

五、综合编程题（20%）

1. 单击窗体，求 $1+\frac{1}{2^2}+\frac{1}{3^2}+\frac{1}{4^2}+\cdots+\frac{1}{n^2}$ 之和，并将结果显示在窗体上。n 的值使用 InputBox 函数输入。（例如：当 n 为 12 时，运行结果如图 4 所示。）

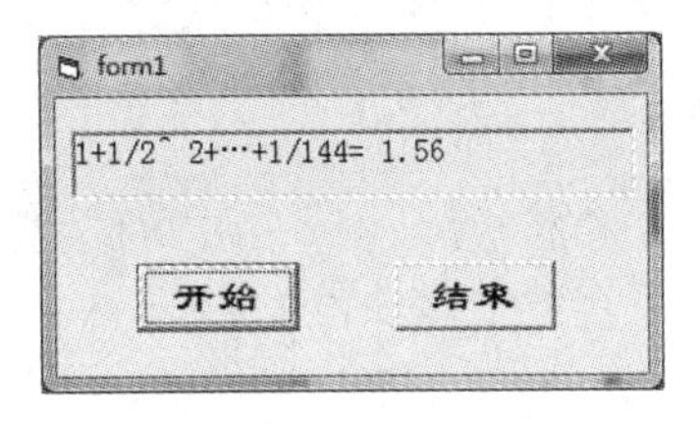

图 4

2. 在窗体上有一个标签 Label1，四个文本框 Text1, Text2、Text3、Text4；三个命令按钮 Command 1、Command d2、Command 3，标题分别为“产生随机数”“平均值”“平均值以上”。要求运行程序后，单击“产生随机数”按钮，在 Text1 中产生 50 个 50～150 之间的随机整数；单击“平均值”按钮，将 Text1 中数的平均值显示在 Text2 中，单击“平均值以上”按钮，将平均值以上的数显示在 Text4 中，将其个数显示在 Text3 中，运行界面如图 5 所示。

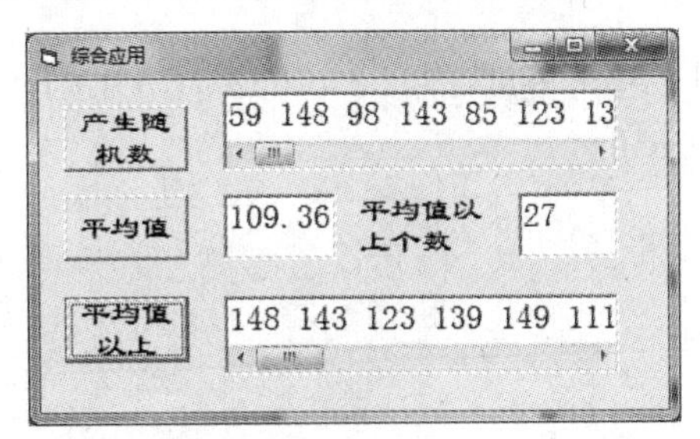

图 5

参 考 答 案

一、单项选择题

1. C	2. A	3. B	4. D	5. C
6. C	7. B	8. C	9. C	10. D
11. B	12. A	13. B	14. D	15. D
16. A	17. D	18. B	19. A	20. D
21. A	22. D	23. B	24. C	25. D
26. C	27. B	28. D	29. A	30. D

二、填空题

1. 【1】窗体,【2】标准,【3】类
2. 【4】&
3. 【5】Name
4. 【6】Click()
5. 【7】Stretch,【8】LoadPicture()
6. 【9】x(i) > Max
7. 【10】ForeColor
8. 【11】5
9. 【12】0,【13】ListCount -1
10. 【14】Load,【15】UnLoad
11. 【16】Value
12. 【17】1
13. 【18】10
14. 【19】9,【20】0

三、程序改错题

1. ① Dim m As String 改为 Dim m As Integer;
   ② For j = i To n 改为 For j = 1 To n。
2. ① Dim s(1 To 15) As Integer 改为 Dim s(1 To 15) As String * 1;
   ② n = 0 改为 n=1;
   ③ s(n) = Chr(Int(Rnd * 32 + 97))改为 s(n) =Chr(Asc("A") + Int(Rnd * (Asc("Z") - Asc("A") + 1)))或 s(n) = Chr(Int(Rnd * 26 + 65))。

四、简单应用题

(略)

五、综合编程题

(略)

模拟试卷二

一、单项选择题（30%）

1. Visual Basic 是一种面向______的编辑工具。

   A. 方法　　B. 对象

   C. 事件　　D. 属性

2. 在 Visual Basic 中，用来描述对象外部特征的参数称为对象的______。

   A. 方法　　B. 属性

   C. 事件　　D. 消息

3. 使用 Visual Basic 开发的源程序被组织为一个______。

   A. 工程　　B. 窗体

   C. 模块　　D. 控件

4. 下列属性中，决定控件宽度的属性是______。

   A. Height　　B. Top

   C. Width　　D. Left

5. 在 Visual Basic 中，单选按钮和复选框都是通过______属性来判断其是否被选中。

   A. Visible　　B. Enabled

   C. Value　　D. Caption

6. Visual Basic 工程中含有多个窗体时，其启动窗体是______。

   A. 添加的最后一个窗体

   B. 可通过“工程”→“属性”设置

   C. 只能是名为 Form1 的窗体

   D. 不可预测

7. 使用______控件可以将窗体上的多个单选按钮（OptionButton）进行分组，由此可从各组中分别选中一项。

   A. TextBox　　B. Frame

   C. ListBox　　D. Timer

8. 在文本框（TextBox）中输入文本或做其他编辑处理时，______事件将被触发。

   A. Click　　B. DblClick

   C. Change　　D. LostFocus

9．设 a=30，执行语句 If a>50 Or a<20 Then b="a*a" Else b=a*a 后 b 的值为______。

A．a*a　　B．30*30

C．"a*a"　　D．900

10．Visual Basic 语句 Print 9*9\9/9 Mod 7 的输出结果是______。

A．1　　B．2

C．3　　D．4

11．执行下列程序后，列表框 List1 中添加的项目是______。

```
For i = 1 To 7 Step 3
   List1.AddItem i \ 2
Next
```

A．0,2,3　　B．1,4,7

C．1,2,3　　D．4,5,6

12．在 Visual Basic 代码中加入注释语句的目的是提高程序的______。

A．兼容性　　B．可用性

C．扩展性　　D．可读性

13．在窗体模块的通用段中用 Dim 关键字定义的窗体变量，可用于______。

A．整个应用程序　　B．Sub 过程

C．Function 过程　　D．该窗体内的所有过程

14．可以实现将字符串 s 两端空格全部截掉的 Visual Basic 表达式为______。

A．Time(s)　　B．Ltrim(s)

C．Trim(s)　　D．DoubleTrim(s)

15．通常使用下列语句中的______语句来处理多分支选择结构的问题。

A．While　　B．Select Case

C．For　　D．Do

16．Visual Basic 语句 a=Array(3,5,9,16,20)的作用是______。

A．为变量 a 送第一个数据

B．为变量 a 送一组数据

C．为数组 a 送第一个数据

D．为数组 a 送一组数据

17．下列能够产生[10,99]之间的两位随机整数的 Visual Basic 表达式为______。

A．Int(10+Rnd*90)　　B．Int(10+Rnd*91)

C．Int(Rnd*99)　　D．Int(Rnd*100)

18．下列 Visual Basic 常用控件中，不能显示图片的是______控件。

A．Image　　B．Picturebox

C．Frame　　D．CommandButton

19．在 Visual Basic 中，清除列表框和组合框中全部项目的方法是______。

A．AddItem　　B．Cls

C．Clear　　D．RemoveItem

20. Visual Basic 窗体文件的扩展名为______。

A. .vbp　　B. .frm

C. .bas　　D. .cls

21. 用 Dim　a(0 To 4) As Single 语句所定义的数组，在内存中共占用______个字节的存储空间。

A. 1　　B. 5

C. 10　　D. 20

22. 若希望文本框只用来显示数据，即该文本框不能被编辑，则应将其______属性设置为 True。

A. Locked　　B. FontBold

C. Enabled　　D. Visible

23. 用日期数据加一个数值求得一个未来日期的正确表示应为______。

A. #2010/5/1#+50　　B. "2010/5/1"+50

C. "2010/5/1+50"　　D. 2010/5/1+50

24. 设 a=5，b=3 语句 If a>b Then b=a: a=b 的功能是______。

A. a 和 b 的内容被交换，a 是 3，b 是 5

B. 使 a 和　b 都等于 5

C. a 和 b 的内容不交换，a 是 5，b 是 3

D. 使 a 和　b 都等于 3

25. 准备向文件中写入数据，新数据被添加在文件尾部，原数据不被覆盖。打开 E 盘根目录下的顺序文件“Text.Dat”的正确语句是______。

A. Open　"E:\Text.Dat"　For　Print　As　#1

B. Open　"E:\Text.Dat"　For　Write　As　#1

C. Open　"E:\Text.Dat"　For　Append　As　#1

D. Open　"E:\Text.Dat"　For　Output　As　#1

26. 窗体菜单中有一个菜单项为"保存(S)"，若想按下【Alt+S】组合键时，能够打开该菜单项，应在菜单编辑器中将该菜单项的______。

A. 标题属性设置为“保存(&S)”

B. 名称属性设置为“保存(&S)”

C. 标题属性设置为“保存(S)”

D. 名称属性设置为“保存(–S)”

27. 窗体上有一个文本框 Text1 和一个命令按钮 Command1，下列代码的作用为______。

```
Private Sub Command1_Click()
    Text1.Text = ""
    For i = 1 To 18 Step 4
        Text1.Text = Text1.Text & i & " "
    Next
End Sub
```

A．用户单击按钮时，在文本框中显示 0 4 8 12 16

B．用户单击按钮时，在文本框中显示 1 5 9 13 17

C．用户单击按钮时，在文本框中显示 Text1.Text & i & " "

D．用户单击按钮时，文本框中什么都不显示

28．使窗体从屏幕上消失但仍在内存中，所使用的方法或语句为______。

A．Show　　B．Unload

C．Load　　D．Hide

29．要求在文本框中输入密码时，文本框中只显示*号，则应用在此文本框的属性窗口中设置______。

A．Text 属性值为*　　B．Caption 属性值为*

C．PasswordChar 属性值为*　　D．名称属性值为*

30．单击命令按钮 Command1，下列程序代码的执行结果为______。

```
Private Sub Command1_Click()
    Dim a As Integer, b As Integer
    a = 16: b = 8
    Call prg1(a, b)
    Print a & "和" & b
End Sub
Private Sub prg1(m As Integer, ByVal n As Integer)
    m = m / n
    n = m + n
End Sub
```

A．2 和 24　　B．2 和 8

C．16 和 8　　D．16 和 24

二、填空题（20%）

1．结构化程序由三种基本结构组成，这三种结构是【1】、选择结构和【2】。

2．在 Visual Basic 中，大部分属性既可以在【3】设置，也可以在【4】设置。

3．表达式 Str(12)+Str(12)的结果是【5】；表达式 Val("12")+ Val("12")的结果是【6】。

4．下列程序所在的窗体中，有一个文本框 Text1，单击 Command1 按钮时，在 Text1 中输入一个字符，程序判断后，输出对应信息（只有 4 种情况）。请补全代码，实现程序功能。

```
Private Sub Command1_Click()
    Dim a As String * 1
    a =Text1.Text
    Select Case a
        Case "a" To "z"
            Print "是小写字母"
        Case "A" To "Z"
            Print "是大写字母"
        Case 【7】
            Print "是数字"
        【8】
            Print "其他字符"
```

```
   End Select
End Sub
```

5. 赋值语句是 Visual Basic 中经常使用的语句，用于给内存变量或对象的属性赋值。例如，在赋值语句 Text1.Text="你好"中，Text1 是【9】，Text 是【10】。

6. 在列表框 List1 中，第 3 个列表项的序号为【11】，最后 1 个列表项的序号为 List1.【12】。

7. 设计时器控件 Timer1 的 Interval 属性为 1000，下列程序运行 10s 后，a 和 b 的最终结果为 a=【13】，b=【14】。

```
Private Sub Timer1_Timer()
  Dim a As Integer
  Static b As Integer
  a = a*100/10+5
  b= b + 10
End Sub
```

8. 要获取滚动条 HScrollBar 的当前位置的值应使用其【15】属性，Max 属性用于设置其【16】。

9. 在 VB 6.0 中，窗体加载时触发的事件是【17】，窗体卸载时触发的事件是【18】。

10. 下列程序运行后，输出由 24 个“#”构成的【19】形状；若将内循环变量的终值 6 改为 k，则会输出由【20】个“#”构成的三角形。

```
Private Sub Command1_Click()
    For k = 1 To 4
        For j = 1 To 6
            Print "#";
        Next
        Print
    Next
End Sub
```

三、程序改错题（不可增加语句，10%）

1. 希望用以下程序重复输入 100 以内的正整数，显示其中的偶数并求偶数之和，当输入-1 时，则循环结束。（共有 2 处错误，每行算 1 处）

```
Private Sub Command1_Click()
     Dim s As Long, a As Integer
     Do
         a = Val(InputBox("a="))
         If a Mod 2 = 0 Then
              Print "a="; a
              s = s & a
         End If
     Loop While a = -1
     Print  "偶数的和是:"; s
End Sub
```

2. 下面的程序用于求 1!+2!+……+10! 。（共有 3 处错误，每行算 1 处）

```
Private Sub Command1_Click()
     Dim p As Integer, s As Single
     Dim i As Integer
     p = 0: s = 0
```

```
        For i = 1 To 10
            p = p * i
            s = s + p
        Next
        Print "结果为:" + s
End Sub
```

四、简单应用题（20%）

1. 在窗体 Form1 上有一个复选框（CheckBox）控件数组，名称为 Chk1，共有四个复选框，按顺序其标题分别是“北京”“上海”“天津”“广州”，其中表示“北京”和“上海”的复选框处于选中状态。下表列出了在设计状态下四个复选框的 Name、Caption 及 Index 属性，请按上述要求填写；在最右边一列填入另一个必须设定的属性及各对应的属性值。

对　　象	属性 Name	属性 Caption	属性 Index	属性（ ）
复选框 1				
复选框 2				
复选框 3				
复选框 4				

2. 在窗体 Form1 上有一个文本框 Text1，一个标签 Label1。要求编写程序，程序运行后在文本框 Text1 中输入字符，如果输入的是小写字母，则在标签 Label1 中同时输出对应的大写字母，否则，在标签 Label1 中同时输出所输入的字符。运行界面如图 1 所示。

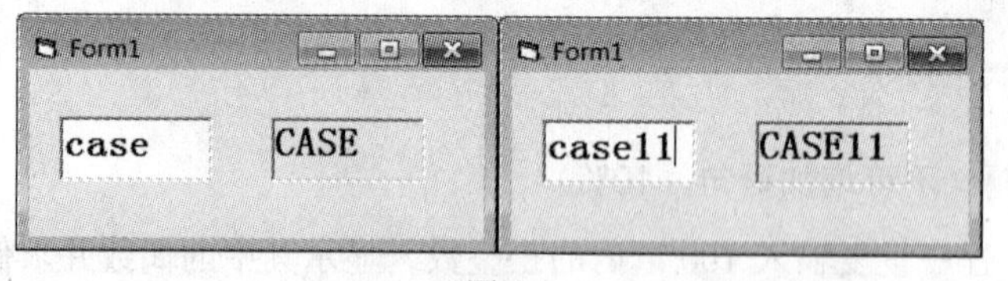

图 1

3. 在窗体 Form1 上有两个图片框：Pic1 和 Pic2，两个命令按钮：Cmd1（移动）和 Cmd2（退出）。两个图片框已经在属性窗口为其设置了 Picture 属性。要求单击 Cmd1 时，能够使两张图片在计时器控件 Timer1 的控制下，互换位置（Interval 和 Enabled 属性已经设置好）；单击 Cmd2 时，则退出。运行界面如图 2 所示。

图 2

4. 在窗体 Form1 上有两个文本框 Text1 和 Text2、一个标签 Label1、一个命令按钮 Command1。编写程序实现：在 Text1 和 Text2 中分别输入文本，单击命令按钮后，则较小的内容显示在标签 Label1 中。运行界面如图 3 所示。

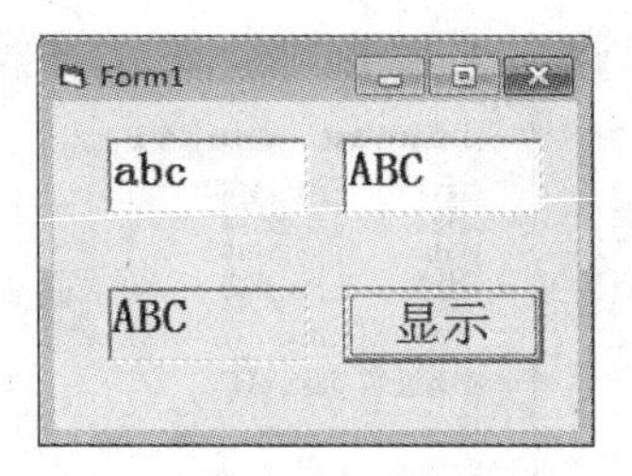

图 3

5．在窗体 Form1 上有一个图像框 Image1，一个滚动条 Hs1。要求窗体加载时将当前目录下的图片文件 p1.gif 装入图像框中（程序中用 App.Path 来指定当前目录），同时将滚动条 Hs1 的 Max 属性设为 1000、Min 属性设为 500；每次移动滚动块时，图像框的宽度随着滚动块的当前位置变化，即图像框的宽度和滚动块的当前位置值是一致的。运行界面如图 4 所示，请写出 Form1_Load()和 Hs1_Change()的事件过程。

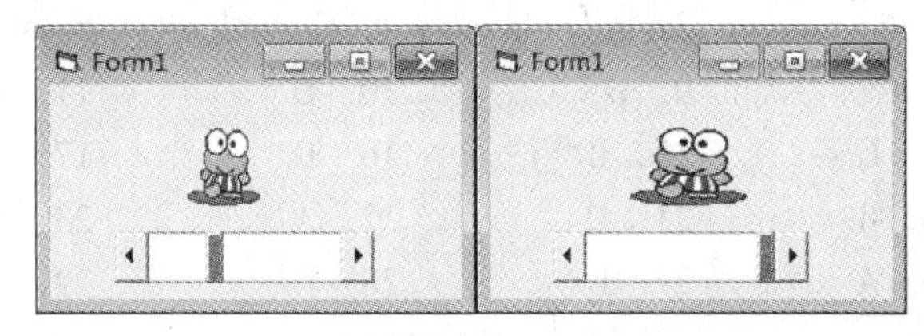

图 4

五、综合编程题（20%）

1．编写程序，求 $\frac{1}{2}+\frac{1}{2^2}+\frac{1}{2^3}+\cdots+\frac{1}{2^n}$ 之和，并将结果按图 5 所示显示在窗体上。双击窗体时通过 InputBox 函数输入 n 的值，计算并输出结果。(当 n 为 23 时，运行结果如图 5 所示。）请写出相应的事件过程。

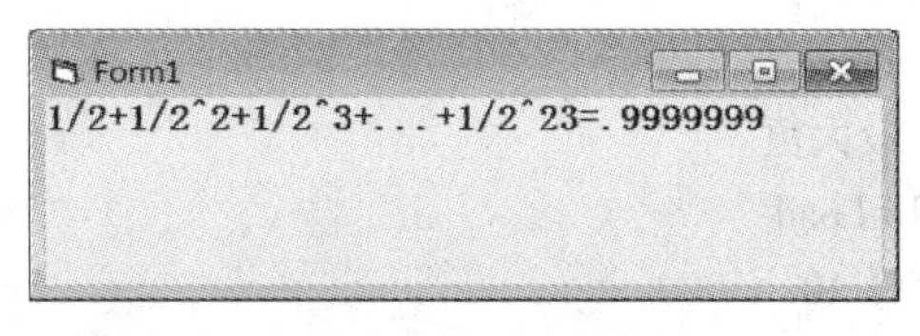

图 5

2．某单位为观察职工的工资情况编写程序。用随机函数产生[2000，6000]之间的正整数作为工资的模拟数据。该程序的窗体上有三个标签，名称分别为 Label1、Label2、Label3，标题分别为“工资原始数据”和“超过均值数据”（Label3 为空，用于显示平均值）；要求单击命令按钮 Command1（产生原始数据），产生 1500 个工资数据并添加在列表框 List1 中，同时在标签 Label3 中显示平均值。单击命令按钮 Command2（超过均值结果），挑选工资中大于平均值的添加在列表框 List2 中，并在 MsgBox 消息框中显示工资超过平均值的人数。单击命令按钮 Command3（退出），则退出程序。运行界面如图 6 所示，请编写程序。

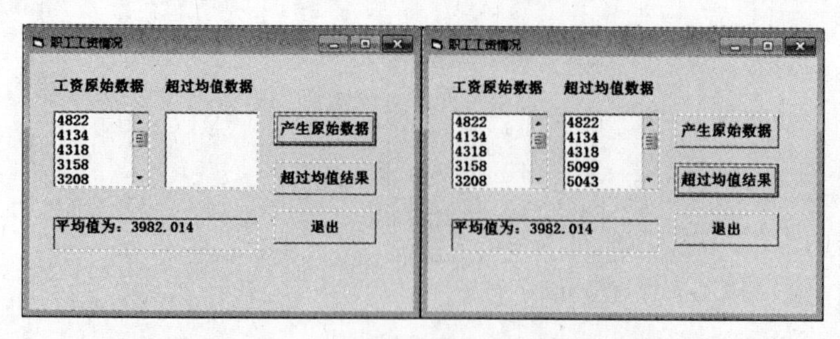

图 6

参考答案

一、单项选择题

1. B	2. B	3. A	4. C	5. C	6. B
7. B	8. C	9. D	10. D	11. A	12. D
13. D	14. C	15. B	16. D	17. A	18. C
19. C	20. B	21. D	22. A	23. A	24. B
25. C	26. A	27. B	28. D	29. C	30. B

二、填空题

1.【1】顺序,【2】循环

2.【3】属性窗口,【4】过程中用代码

3.【5】12 12,【6】24

4.【7】 0 To 9,【8】Case Else

5.【9】对象,【10】属性值

6.【11】2,【12】ListCount-1

7.【13】5,【14】100

8.【15】Value,【16】最大值

9.【17】Load,【18】UnLoad

10.【19】长方形,【20】10

三、程序改错题

1. ① while a=-1 错，应改为：while a<>-1;
   ② s = s & a 错，应改为：s = s + a。
2. ① Dim p As Integer 溢出错误，应改为：Dim p As Long 或 Single 或 Double;
   ② p=0 错，应改为：p=1;
   ③ Print “结果为：”+s 错，应改为：Print “结果为：” & s。

四、简单应用题

（略）

五、综合编程题

（略）

模拟试卷三

一、单项选择题（30%）

1. 命令按钮 CommandButton 的______属性可用于设置按钮文字。

A．Text　　B．Caption

C．Name　　D．Index

2. Visual Basic 窗体文件的扩展名为______。

A．.vbp　　B．.frm

C．.bas　　D．.cls

3. 下列 Visual Basic 控件中，可用于接收用户输入文本的是______。

A．Label　　B．TextBox

C．Image　　D．ListBox

4. 下列 Visual Basic 控件中，不可用于显示图片的是______。

A．PictureBox　　B．ImageBox

C．Label　　D．CommandButton

5. 用于设置文本框（TextBox）是否将文字显示成密码（如*号）的属性是______。

A．Text　　B．Caption

C．Sect　　D．PasswordChar

6. 下列函数中，可返回当前日期和时间的是______。

A．Time()　　B．Now()

C．Date()　　D．DateTime()

7. 下列属性中，决定控件文字大小的是______。

A．ForeSize　　B．FontSize

C．FontName　　D．Font

8. 在垂直滚动条上单击一次向下的箭头，滑块移动的距离由______属性决定。

A．SmallChange　　B．LargeChange

C．Max　　D．Min

9. 图片框 PictureBox 的图片通过______属性设置。

A．Icon　　B．MouseIcon

C．Caption　　D．Picture

10．设置窗体在启动时以最大化显示的属性是______。

A．WindowState　　B．StartMode

C．StartUpPosition　　D．ScaleMode

11．以下语句中能从字符串 s="Visual Basic"中截取出 Visual 的是______。

A．Left (s,1,6)　　B．Mid(s,6)

C．Mid(s,1,6)　　D．InStr(s,1,6)

12．可以实现将字符串 s 两端空格全部截掉的 Visual Basic 表达式为______。

A．Time(s)　　B．Ltrim(s)

C．Trim(s)　　D．DoubleTrim(s)

13．下列 Visual Basic 语句执行后窗体 Form1 不可见，但仍在内存中的是______。

A．Form1.Show　　B．Form1.Hide

C．End　　D．Unload Form1

14．下列 Visual Basic 表达式中，不能表示“a 不等于 b”关系的是______。

A．a<>b　　B．a><b

C．Not a=b　　D．a≠b

15．下列 Visual Basic 运算符中，可用于连接两个字符串的是______。

A．+　　B．–

C．_（下横线）　　D．*

16．设 x=4、y=6，下列语句可以在窗体上显示“x+y=10”的是______。

A．Print x+y=10

B．Print “x+y=” & x+y

C．Print x & “+” & y & “=” & x+y

D．Print “x” & + & “y” & = & “x+y”

17．已知 a=10、b=5，语句 y=IIf(a>b,b–a,a+b)执行后 y 的值是______。

A．10　　B．5

C．15　　D．–5

18．下列程序运行后，在文本框 Text1、Text2 中分别输入 AbC 和 Efg，结果是______。

```
Private Sub Command1_Click( )
    a=Text1.text : b=Text2.text
    C=Lcase(a) : D=Ucase(b)
    Print C;D
End Sub
```

A．abcEFG　　B．abcefg

C．aBceFG　　D．AbCEfg

19．下列语句中，可以将图片框 Picture1 向右移动 500 缇的是______。

A．Picture1.Left=500

B．Picture1.Left= Picture1.Left+500

C．Picture1.Left= Picture1.Left–500

D．Picture1.Left=Form1.Width–500

20. 比较图片框（PictureBox）和图像框（Image），正确的描述是______。

A. 都可以设置 AutoSize 属性，以保证装入的图形可以自动改变大小

B. 都可以设置 Stretch 属性，以保证显示图形的所有部分

C. 当图片框的 AutoSize 属性为 False 时，图形可以自动调整大小以适应图片框的尺寸

D. 当图像框的 Stretch 属性为 False 时，控件会自动改变大小以适应图形

21. 以下给出的 Visual Basic 数据类型中，占用存储空间最少的是______。

A. Integer　　B. Long

C. Single　　D. Double

22. Visual Basic 工程中含有多个窗体时，其启动窗体是______。

A. 只能是名为 Form1 的窗体

B. 添加的最后一个窗体

C. 不可预测

D. 可通过“工程”→“属性”菜单设置

23. 变量 a、b、c 的数据类型为 Long 型，下列语句执行后变量 c 等于______。

```
a= 4.5 : b=9.6 : c=a*b
```

A. 36　　B. 40

C. 43.2　　D. 50

24. 默认情况下，用 Public Arra(4,-1 To 2) As Single 定义的二维数组在内存中占用______字节。

A. 16　　B. 40

C. 80　　D. 不一定

25. 在 Visual Basic 中可以实现将字符串 s 左边一半截掉的语句为______。

A. Left (s , 0.5)　　B. s=RightHalf (s)

C. s=Right (s , Len (s) / 2)　　D. Right (s , Len (s) / 2)

26. 下面程序段运行后，显示的结果是______。

```
Dim a
If a Then Print a + "b" Else Print a + "a"
```

A. a　　B. b

C. ab　　D. aa

27. 已知 a、b 为 String 型变量，下列语句执行后编辑框 Text1 中显示结果是______。

```
a=5: b=9
Text1.Text=a+b
```

A. 14　　B. 59

C. a+b　　D. 系统报错

28. 若要在文本框 Text1 中的显示文本框 Text2 的内容，应使用______语句。

A. Text1.Caption = Text2.Caption

B. Text1.Text = Text2.Caption

C. Text1.Text=Text2.Text

D. Text2.Text= Text1.Text

29. 窗体上有命令按钮 C1 和标签 Label1，下列过程的作用是______。

```
Private Sub C1_Click()
    Label1.Caption = ""
For i=0 To 15 Step 3
        Label1.Caption = Label1.Caption & i & " "
  Next
End Sub
```

A. 单击命令按钮时，标签上显示 0 3 6 9 12 15

B. 单击命令按钮时，标签上显示 15

C. 单击命令按钮时，标签上显示 3 6 9 12 15

D. 单击命令按钮时，标签上显示 0 3 6 9 12 15

30. 下列 Visual Basic 语句执行后的结果是______。

```
Private Sub Command1_Click()
    x = 5: y = 10
    x = x + y: y = x - y: x = x - y
    Print x & " " & y
End Sub
```

A. 5 10　　B. 10 5

C. 5 5　　D. 10 10

二、填空题（20%）

1. 结构化程序由三种基本结构组成，这三种结构是顺序、【1】、【2】。

2. 数学关系 3≤X<10 表示成正确的 Visual Basic 表达式为【3】。

3. 在 Visual Basic 中求字符串长度的函数是【4】。

4. 将组合框（ComboBox）控件中所有列表项清空的方法是【5】。

5. 在 Visual Basic 中，默认情况下数组的下界是【6】。

6. 列表框 List1 中第 1 个列表项的序号为【7】，最后 1 个列表项的序号为 List1.【8】。

7. 下列程序执行后，单击命令按钮 C1 三次的最终结果为 a=【9】，b=【10】。

```
Private Sub C1_Click()
   Dim a As Single
   Static b As Double
   a = a+ 3: b= b + a
End Sub
```

8. Visual Basic 表达式 5*5\5/5 的值为【11】。

9. 执行下面的程序段后，变量 m 的值为【12】。

```
For i = 2.6 To 4.9 Step 0.6
    m=2*I
Next i
```

10. 将图片文件 C:\Windows\Greenstone.bmp 装入图像框 Image1，应使用的语句为 Image1.Picture=【13】("C:\Windows\Greenstone.bmp")。

11. 在 Visual Basic 中，向文本框 Text1 中输入文字时触发的事件是 Text1_　【14】　()。

12. 在 Visual Basic 中，决定控件在窗体上位置的属性为【15】和【16】

13. 在 Visual Basic 中，声明长度为 2 字节的整型变量时，使用的语句为 Dim a As 【17】。

14. 在 Visual Basic 中，设置窗体是否可见的属性是【18】，设置命令按钮是否可用的属性是【19】。

15. 使 Integer 型变量 y 等于当前系统年份（如系统日期是 2017-6-6，则让 y=2017）的 Visual Basic 语句是 y=【20】。

三、程序改错题（不可增加语句，10%）

1. 下列程序用于将 0～100 之内所有 3 的倍数或 7 的倍数求和，并在文本框 Text1 中显示。（共有 2 处错误，每行算 1 处）

```
Private Sub Command1_Click()
    Dim n As Integer
    Dim i As Integer
    For i= 0 To 100
        If i Mod 3=0 And i Mod 7=0 Then n=n+i
    Next i
    Text1.Text= "100 以下所有 3 的倍数和 7 的倍数累加为" & i
End Sub
```

2. 下列程序用于输入 20 位学生的姓名和数学成绩，并显示他们的总成绩和平均分。（共有 3 处错误，每行算 1 处）

```
Option Base 1
Private Sub Form_Click()
    Dim xm(19) As String, sx(20) As Integer
    Dim i As Integer, s As Single
    For i = 0 To 20
        xm(i) = InputBox("请输入学生姓名")
        sx(i) = InputBox("请输入数学成绩")
        Print xm(i) & Space(2) & sx(i)
        s = s & sx(i)
    Next i
    Print "总成绩"; s
    Print "平均分"; s/20
End Sub
```

四、简单应用题（20%）

1. 在窗体 Form1 上有 1 个文本框 Text1，1 个命令按钮 Command1。编写程序，使得命令按钮被单击时，将文本框中用户输入的内容显示为窗体的标题。

2. 在窗体 Form1 上有 1 个计时器，1 个命令按钮，1 个标签。通过以下表格设置控件的名称和有关属性，并编写程序使得单击按钮后，标签的前景颜色和背景颜色每隔 1s 交换一次。

对　　象	属性 Name	属性 Inteval
计时器		
命令按钮		
标签		

3. 在窗体上有 1 个复选框 Check1，1 个文本框 Text1。编写程序使得 Check1 选中时文本框中的字体变成粗体，否则变成非粗体。

4. 在窗体 Form1 上有 1 个文本框 Text1，1 个命令按钮 Command1。要求单击按钮时，通过输入框（InputBox）输入 1 个整数，在文本框中显示从 1 至该数的平方和。

5. 在窗体 Form1 上有 1 个文本框 Text1，1 个命令按钮 Command1。要求单击按钮时，在文本框中显示窗体的面积（宽度×高度）。

五、综合编程题（20%）

1. 窗体上有 4 个文本框 Text1、Text2、Text3、Text4，4 个命令按钮 Command1（产生随机数）、Command2（取奇数）、Command3（最大值）、Command4（最小值）。要求：

① 单击 Command1 时，在文本框 Text1 中显示 20 个 0～100 间的随机整数，空格分隔；

② 单击 Command2 时，在文本框 Text2 中显示其中的奇数；

③ 单击 Command3 时，在文本框 Text3 中显示其中的最大值；

④ 单击 Command4 时，在文本框 Text4 中显示其中的最小值。

运行界面如图 1 所示。

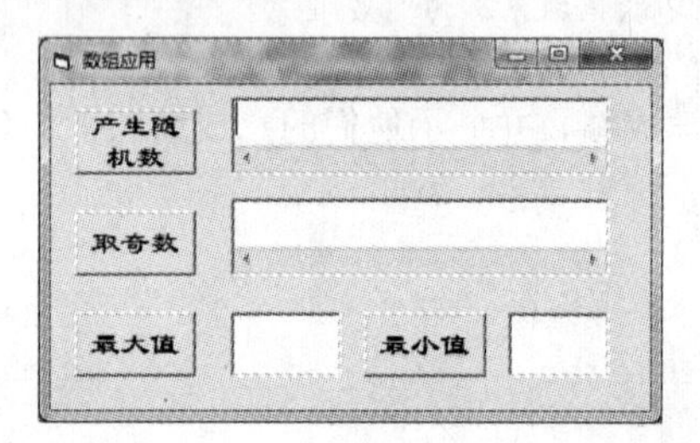

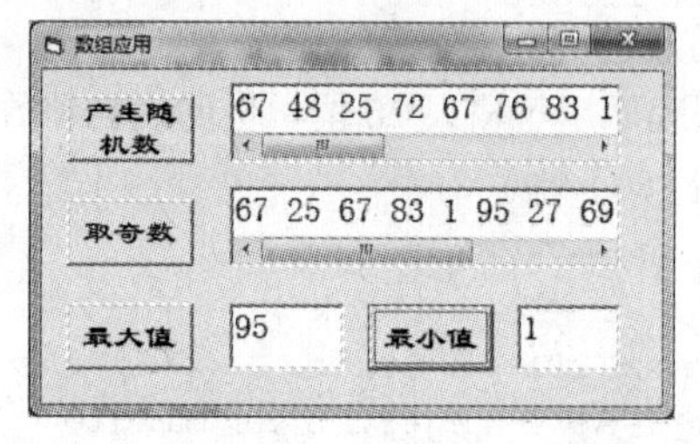

图 1

2. 窗体上有 2 个文本框 Text1、Text2，2 个单选按钮 Option1、Option2。在文本框 Text1 中输入一个正整数 N，选择单选按钮 Option1 则在文本框 Text2 中显示 1～N 的偶数和；选择单选按钮 Option2 则在文本框 Text2 中显示 1～N 的奇数和。运行界面如图 2 所示。

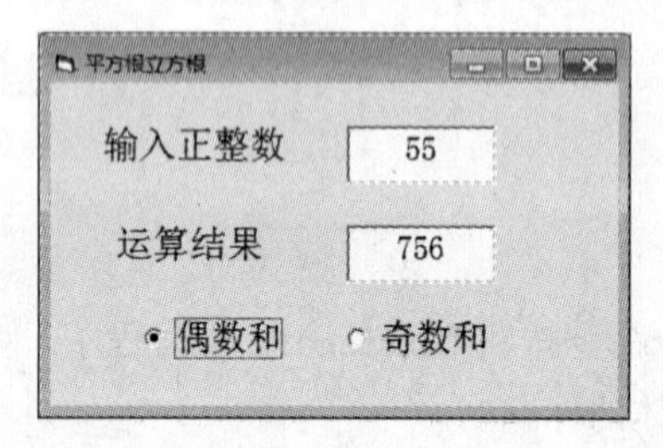

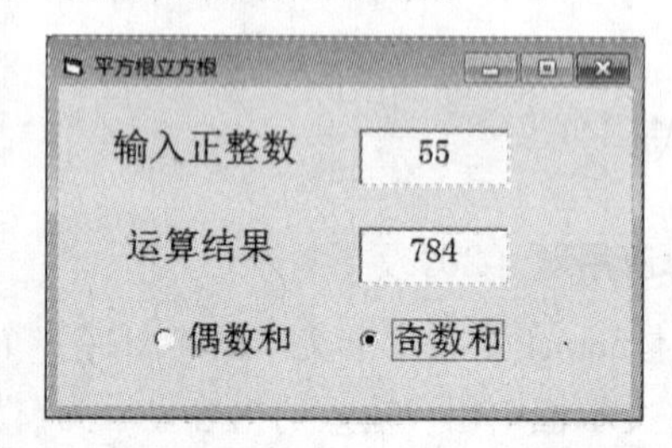

图 2

参 考 答 案

一、单项选择题

1. B　2. B　3. B　4. C　5. D

6. B　7. B　8. A　9. D　10. A

11. C　12. C　13. B　14. D　15. A

16. B　17. D　18. A　19. B　20. D

21. A　　22. D　　23. B　　24. C　　25. C

26. A　　27. B　　28. C　　29. A　　30. B

二、填空题

1.【1】选择或分支,【2】循环

2.【3】3<=x And x<10

3.【4】Len

4.【5】Clear

5.【6】0

6.【7】0,【8】ListCount-1

7.【9】3,【10】9

8.【11】25

9.【12】8.8

10.【13】LoadPicture

11.【14】Change

12.【15】Top,【16】Left

13.【17】Integer

14.【18】Visible,【19】Enabled

15.【20】Year(Now) 或 Year(Date)

三、程序改错题

1. ① If i Mod 3=0 And i Mod 7=0 Then n=n+i 错，应改为 If i Mod 3=0 Or i Mod 7=0 Then n=n+i;

   ② Text1.Text= "100 以下所有 3 的倍数和 7 的倍数累加为" & I 错，应改为 Text1.Text= "100 以下所有 3 的倍数和 7 的倍数累加为" &n。

2. ① Dim xm(19) As String, sx(20) As Integer 错，应改为 Dim xm(20) As String, sx(20) As Integer;

   ② For i = 0 To 20 错，应改为 For i =1 To 20;

   ③ s = s & sx(i) 错，应改为 s = s + sx(i)。

四、简单应用题

（略）

五、综合编程题

（略）